멋진롬
심플한
살림법

장새롬(멋진롬) 지음

진원

멋진롬 심플한 살림법

초판   1쇄 발행 2016년 4월 2일
초판   3쇄 발행 2018년 11월 16일

지은이   장새롬(멋진롬)
발행인   강혜진
발행처   진서원
등록   제 2012-000384호 2012년 12월 4일
주소   (03938) 서울 마포구 월드컵로 36길 18 삼라마이다스 1105호
대표전화   (02) 3143-6353 / 팩스 (02) 3143-6354
홈페이지   www.jinswon.co.kr / 이메일 service@jinwson.co.kr

편집진행 · 성경아 / 표지 및 내지 디자인 · 디박스 / 일러스트 · 최정을
인쇄 · 보광문화사 / CTP · 교보피앤비 / 제본 · 정성문화사 / 마케팅 · 강성우

ISBN 979-11-86647-04-2 13590

진서원 도서번호 15006

값 14,400원

이 도서의 국립중앙도서관 출판예정도서목록(CIP)은 서지정보유통지원시스템 홈페이지(http://seoji.nl.go.kr)와

국가자료공동목록시스템(http://www.nl.go.kr/kolisnet)에서 이용하실 수 있습니다.(CIP제어번호: CIP2016005808)

네이버 누적방문자수 1,000만명!

육아맘, 직장맘의 뜨거운 응원 감사합니다!

책이 나오기까지 도와주신 이웃님들 감사합니다

비우기를 따라하니 짜증도 체중도 줄어드네요 저 역시 롬님 글 읽으며 큰 도움이 되었답니다. — 리즈 · **냉장고가계부, 냉파 요리, 비우기 체크리스트 유익해요** 고수의 리스트를 엿보게 되어서 비우기가 수월했어요. — 장주부 · **결혼을 앞둔 분께 추천!** 결혼 준비할 때 꽉꽉 채워야 한다는 압박감을 덜어낼 수 있을 것 같아요. — 조진 · **아기 재우고 밤새 육아용품 검색… 반성합니다** 무심한 엄마처럼 보일까 봐 '국민' 붙은 건 다 샀어요, 엄마들 모이면 물건 산 얘기뿐… 시간낭비였죠. — puredoll2 · **저처럼 평범한 주부셨군요, 자극 완빵이에요!** 이렇게 변하시다니 놀랍네요. — 작은별 · **사교육도 비워야죠** 비울수록 아이에게 좋다는 메시지, 감사합니다. — 하블리즈 · **진심 저희 옆집에 사셨으면 좋겠어요** 식비 30만원 유지하다 마지막 주에 오버했지만 나아지고 있어요. — 꽃보다재희 · **결혼, 출산, 육아, 살림, 집, 차, 인테리어, 노후설계까지!** 인생의 큰 화두를 짚어주니 좋았어요. — 희망 · **심플라이프와 환경보호의 연관성, 공감해요** 심플한 인테리어 때문에 수납용 일회용품 늘리는 것 자제하자는 말, 동감합니다. — Carpe Diem · **주변의 시선을 상대하는 지혜, 정말 굿!** 혼자 사는 세상이 아니죠, 갈등 속에서 해결한 내용들이 눈에 띄네요. — 클로이 · **전업주부에게 힘이 나는 글입니다** 저 같은 전업주부에게 힘을 주셔서 감사합니다. — wooya · **냉장고에서 썩어가는 음식들, 죄책감도 쓰레기도 날려요** 냉장고 파먹기, 냉파요리, 충격적이고 신선했어요. — 선우맘 · **미니멀리스트의 저축과 재테크 신선하네요** 저축은 심플하게 몰빵으로 하고, 사지 않는 습관이 곧 재테크란 말, 좋네요. — 클라리 · **살림 잘하는 옆집 언니 같아요!** 가계부 속시원히 오픈해줘서 고마워요, 비밀스러운 영역이라 물어보기 그랬는데, 많이 배웠어요. — 현민 · **버리기 왕초보에게 실질적인 팁 최고!** 살림 나눌 이웃이나 벗도 많이 없어서 비우기가 막막했는데 다양한 방법 알려주셔서 감사합니다. — 조인스 · **가족 백과사전처럼 옆에 두고 싶어요** 개인 말고 가족의 비움에 초점을 둔 내용이 좋아요, 그리고 요리책 효과까지 거둘 수 있어요. — 남자셋여자하나

우울감 날리려고 시작한 비우기,
인생을 통째로 바꾸다!

쇼핑을 좋아하는 여자, 어떻게 물욕을 끊을까?

나는 쇼핑, 일, 그리고 여행 욕심이 많은 여자였다. 신랑과 스무살부터 스물여덟살까지 연애하는 기간에도 열심히 일하고 열심히 여행을 다녔다. 열정 넘치던 여자가 결혼과 동시에 서울을 떠나 지방에서 살림하는 여자로 살기 시작했다. 집안일도 잘 모르고, 외벌이 월급으로 살림하는 것도 막막했다. 누가 이런 것들을 가르쳐주면 참 좋을 텐데……. 맨땅에 헤딩하듯 가족들 보험 연구하고, 절약에 관한 글들을 찾아보며 타이트하게 돈을 쓰지 않으려 노력했다. 하지만 쇼핑을 좋아하던 여자가 어떻게 갑자기 물욕을 끊는단 말인가? 욕구불만이 생겨서 더 많은 쇼핑을 하며 풀어냈고, 다시 지출 줄이기를 반복하면서 지지부진한 살림을 이어갔다.

외벌이 독박육아, 뭐라도 해야지

둘째를 임신할 무렵 비우는 삶을 알게 되었다. 그때 신랑이 일 때문에 멀리 떨어져 살게 되었는데 혼자서 아이 둘 키우기가 보통 일이 아니었다. 우울감과 외로움을 잊기 위해서 뭐라도 해야만 했다. 처음엔 남들 따라 살림을 정리하면서 정리용품과 인테리어 비용을 지출했다. 월급 안에서 알뜰하게 살고자 비우기를 시작한 건데 이건 아니다 싶었다. 그래서 인테리어 책 구입과 블로그 검색을 멈추고 정리할 물건 자체를 없애기 시작했다.

신혼 5년 만에 기하급수적으로 늘어난 살림을 버리면서 깨달았다. 내가 소유한 물건이 너무 많다는 것과 무분별한 소비로 쓰레기만 안고 살았다는 것을. 힘들게 비운 공간을 다시 물건들로 채우고 싶지 않았다. 그냥 자연스럽게 소비욕이 차단되었다. 비워낸 옷장을 채우고 싶지 않아서 과도한 의류비 지출이 대폭 감소되었고, 버려지는 식재료가 아까워서 장을 조금씩 보니까 식비가 확 줄었다.

버릴 물건과 남길 물건을 선별하다 보면 내가 누군지 잘 보인다. 남들 보기 좋다고 덩달아 소유한 것은 아웃시키고 내가 진짜 좋아하고 가슴 설레는 것만 남기게 되었다. 이 과정을 거치자 소비에 대한 명확한 기준이 생겼다. 비우기를 시작했을 뿐인데 내 삶을 능동적으로 꾸린다는 느낌이 들었다. 생활이 즐거워지기 시작했다.

옆집 언니 같은 평범한 여자의 눈높이 비우기

인테리어 콘셉트만 '심플'이 아닌, 솔직담백 살림 이야기

돈을 아끼려고 발버둥칠 때는 오히려 충동구매로 더 많은 지출을 했다. 하지만 심플하게 살기 위해서 살림을 비워낸 후부터 모든 게 달라졌다. 인터넷과 마트에서 뭔가를 사고 싶어서 검색하고 발품 파는 시간이 줄었다. 대신 나 자신을 더 사랑하고 아이들과 더 시간을 보내면서 진짜 내 삶을 살게 되었다. 처음에는 재테크 차원에서 돈 불릴 생각만 했는데, 돈을 쓰지 않고도 충분히 행복한 방법을 알게 된 것이다.

그리고 비우기를 통해 육아와 살림에 긍정적 변화를 준 것에 대해서 블로그에 글을 쓰기 시작했다. 옆집 언니나 동생 같은 여자가 유식하게 말하지 않지만 듣고 있으면 설득이 되고, 어렵게 말하지 않아서 도전해볼 만하고, 인테리어 콘셉트만 '심플'로 바꾸는 게 아니라 인생 전체를 심플하게 꾸려나가는 이야기. 평범한 주부이자 여자 그대로의 삶을 이야기했다.

신혼살림을 시작한 사람에게는 내가 겪은 시행착오를 거치지 않고 처음부터 심플한 살림과 가계부로 빈 공간에 삶의 여유를 채우는 삶이 되길 바랐고, 또래 주부들에게는 육아 중에도 이렇게 살면 힘이 난다고 알려주고 싶었다. 그냥 더하지도 빼지도 않고, 가끔은 지나치게 솔직하게 나에 대해 말했다.

절약, 비우기, 육아 등 살림은 따로 분리할 수 없다

진정한 심플함은 모든 삶을 지배한다!

블로그 글을 보고 출판사에서 연락이 오기 시작했고, 많은 분들에게 도움이 되길 바라는 마음에서 종이책 형식으로 내 삶을 공유하기로 했다. 그리고 주부의 살림이란 가계부 쓰기, 절약, 비우기, 육아 등 따로 분리해서 볼 수 없는 분야다. 따라서 삶을 총체적으로 보여준다면 사람들이 살림을 더 심플하게 하기 쉬울 것이란 생각에 내 삶의 거의 모든 영역을 담았다.

혹시 철학적 고찰이나 유려한 글솜씨를 기대한 사람이라면 내 글이 실망스러울 수도 있을 것이다. 사람들에게 잘 보이기 위해서 참고문헌을 마구 넣거나 나를 치장하고 싶지 않았다. 물론 내 이야기는 이미 출간된 '심플한 삶'에 관한 책들과 어느 정도 겹칠 것이다. 하지만 내가 직접 실천하고 터득한 결과를 내 시점으로, 내 몸으로 느낀 깨달음을 위주로 써나갔다.

나는 살림을 비우면서 책 한 권 구입하는 것도 신중해져서 자주 꺼내 보면서 도움을 받을 수 있는 실용서 위주로 소유하게 되었다. 그래서 이 책도 읽는 사람이 책을 소유해도 아깝지 않아서 옆에 놓고 꾸준히 도움을 주길 바란다. 심플한 삶을 위해 불필요한 것들은 덜어내고 꼭 필요한 내용만 담은 책이 되길 간절히 소망한다. 마지막으로, 내 모든 선택을 인정하고 지지해주는 이영국 씨에게 무한한 감사를 드린다.

멋진롬

우리 집, 이렇게 바뀌었어요!

Before

불필요한 짐과 스트레스로 가득 찬 집

일가친척 없는 곳에서 나 홀로 독박육아! 스트레스를 쇼핑으로
풀면서 카드빚은 늘고 불필요한 물건이 많아졌다.

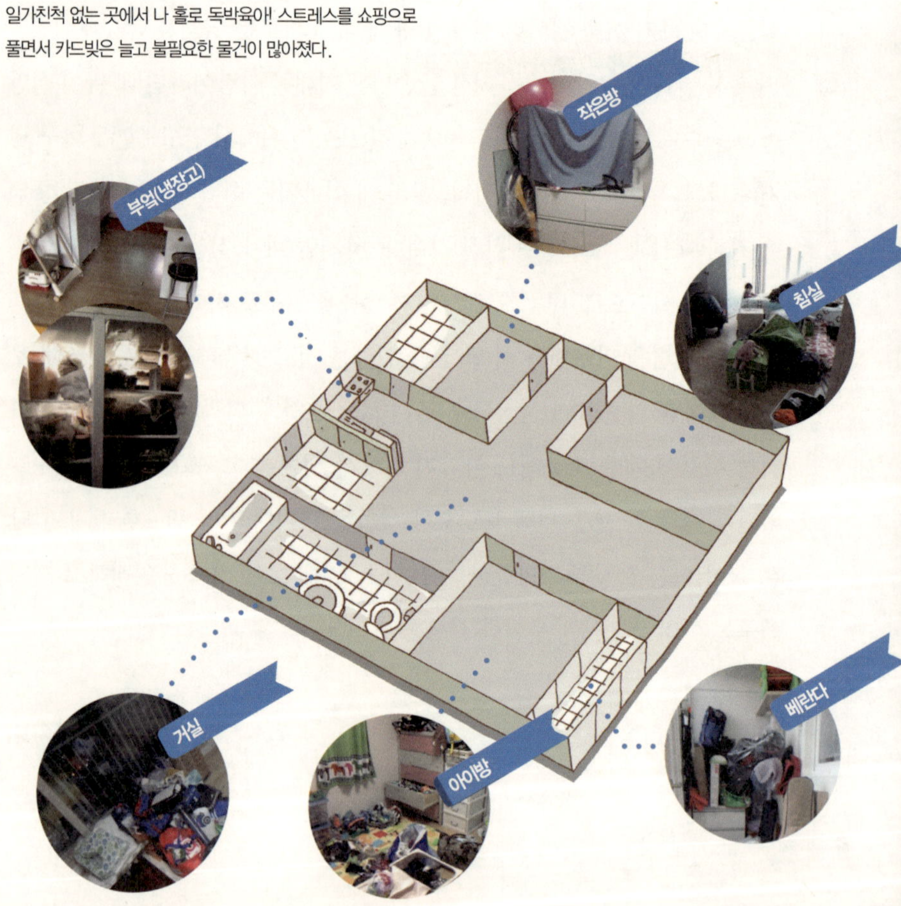

After

비우기로 심리적 치유와 안정을 찾은 집

1. 부담없이 즐겁게 비우니까 습관화 OK!

쇼핑 욕구가 올라오면 억누르지 않고 정리를 시작한다. '사지 않는 일주일', '천원의 행복', '냉장고 비우기' 등 나만의 이벤트를 실천하고 기록하면 좌절감 없이 비울 수 있다.

2. 소비통제로 자존감 상승!

힘들게 비운 공간을 더 이상 채우고 싶지 않은 마음에 자연스레 소비욕이 줄어든다. 월급 안에서 빚 없이 살 수 있다는 자신감을 체험한다.

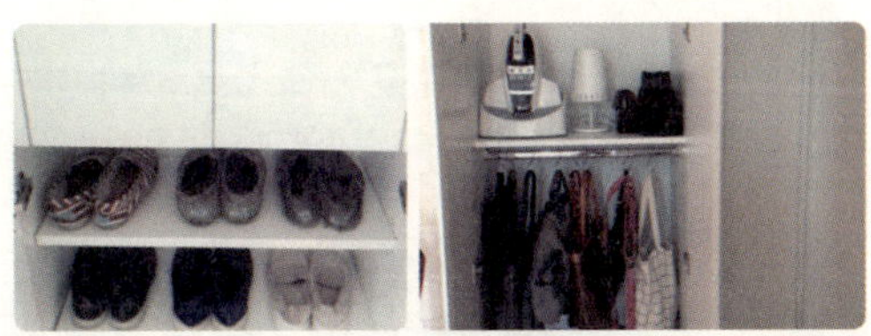

3. 우울감과 스트레스 감소!

입어야 할 옷, 먹어야 할 음식, 읽어야 할 책 등 의무감이 드는 것은 아웃! 물건 수가 줄수록 신경 쓸 일이 사라지고 스트레스가 감소한다. 공간이 널널해지면 마음의 여유가 생긴다.

심플한 살림법 3가지 이득!

절약저축, 정리정돈, 육아 등 살림은 따로 분리할 수 없다. 진정한 심플함은 삶의 모든 것을 지배한다.
멋진롬의 심플한 살림법을 따라해보자. 다음과 같은 3가지 이득이 선물처럼 다가온다.

1. 시간 이득	2. 금전 이득	3. 행복 이득

시간 이득 1

옷, 신발, 책, 그릇, 장난감 등 살림의 가짓수를 줄이면 청소, 요리, 육아에 드는 시간
이 확 줄어든다. 분주한 마음은 사라지고 오롯이 나만의 시간이 생긴다.

〈첫째마당〉 참고

2

소비하지 않는 습관이 가장 큰 재테크다. 이런 습관이 몸에 붙으면 월급 안에서 빚 없이 저축하며 살 수 있다. 카드 자르고 현금 사용하기, 무지출 연속 행진하기, 사지 않는 일주일 등 미션을 따라해보자.

생활비 대부분을 차지하는 식비는 외식 대신 집밥을 먹으면 돈도 절약되고 건강까지 이득이다. 지금 당장 냉장고가계부 작성법. 냉파요리법을 실천해보자.

〈둘째마당〉,
〈셋째마당〉 참고

3

지출하지 않으면 더 벌어야 하는 고통이 없다. 돈돈거리지 않으니 남편도 나도 편해지고, 아이도 스트레스를 받지 않으니 가정이 화목해진다.

〈셋째마당〉,
〈넷째마당〉 참고

차례

준비마당

아이도 지구도 사랑하니까 심플라이프!

월급 타면 쇼핑하던 여자, 살림을 시작하며 바뀌다! * 20

짠순이 말고 미니멀리스트가 되고 싶어! * 25

여행은 소유욕을 내려놓게 만든다 * 28

심플한 살림도 나만의 스타일이 중요해 * 34

자식에게 짐이 되지 않는 삶 | 이모의 심플라이프 | * 38

진짜 어른 되기, 진짜 독립하기 * 43

기록은 삶을 바꾼다 * 47

첫째
마당

우리 집
살림살이 비우기

혹시 완벽주의자세요? * 54

비우기도 나만의 기준이 필요해! * 58

비우기의 적은 가족? * 63

정리의 기본 1 | 일사천리로 중고물품 처분하기 | * 69

정리의 기본 2 | 자잘한 살림 줄이기 | * 75

정리의 기본 3 | 보이는 곳에 쌓아두지 말 것 | * 78

정리의 기본 4 | 매일 청소하면 힘들게 대청소할 필요 없다 | * 81

구역별 비우기 1 | 옷장 | * 85

구역별 비우기 2 | 화장대를 없애다 | * 95

구역별 비우기 3 | 장롱 + 붙박이장 | * 99

구역별 비우기 4 | 주방 + 찬장 | * 102

구역별 비우기 5 | 거실 책장 + 소파 | * 109

구역별 비우기 6 | 아이방 + 장난감 | * 115

구역별 비우기 7 | 욕실 + 수납장 | * 120

구역별 비우기 8 | 현관 신발장 + 베란다 세탁실 | * 126

구역별 비우기 9 | 창고가 된 작은방 | * 130

추억은 마음속에! 복잡한 인간관계 비우기 * 134

사소한 비우기, 내 삶을 바꾸다! * 140

둘째 마당 — 식비를 확 줄이는 냉장고 비우기

냉장고를 텅텅 비워도 먹을 건 충분해! * 148
냉장고 청소하며 냉장고가계부 적기 * 154
냉파 전 필수 코스, 알뜰식단 짜기 * 159
과소비를 막는 장보기 노하우 * 164
재료 하나로 남김 없이! | 냉파요리 200% 활용법 | * 169
식비 줄이는 일등공신, 집밥 습관 * 175
평일과 주말의 냉파는 달라야 한다 * 180
'완전 냉파' 100% 냉장고 파먹기 도전! * 185
시대를 역행하는 작은 냉장고 갖기 * 192
냉장고 파먹기 이후 심플해진 삶 * 199

셋째 마당 — 월급 안에서 소비하고 저축하는 삶

지출하지 않으면 돈을 더 버는 고통도 없다 * 206
쇼핑 욕구가 폭풍처럼 올라올 때 * 209
소비하지 않는 습관이 최고의 재테크! * 212
신용카드는 자르고 현금만 사용하기 * 219

통장 쪼개기로 과소비 차단막 치기 * 222

한 달 목표 생활비 정하기 * 226

생활비 줄이기 도전! | 무지출과 사지 않는 일주일 | * 235

고정비 줄이기 | 보험비, 통신비, 관리비, 접대비 등 | * 241

선저축 후지출! | 돈 모아서 사는 게 자연의 법칙 | * 250

한눈에 보는 지출흐름표 작성하기 * 255

미니멀리스트의 저축과 투자는 어떤 모습일까? * 259

비교는 삶의 질을 떨어뜨린다 * 263

이젠 바쁘지 않아 * 267

넷째 마당 — 육아는 돈으로 해결할 수 없어

육아맘을 선택하다 * 272

심플한 육아로 가는 길 | 육아관 세우기 | * 278

괜찮아, 그리고 안돼! * 283

자연스럽게 자연주의 교육 * 286

육아비, 교육비 다이어트가 필요해! * 293

오늘도 엄마는 산책육아 * 306

부족해서 감사하는 아이 * 313

멋진롬
팁

냉장고가계부 서식 다운받기 *158

냉파를 위한 식단 앱 '만개의 레시피' *163

멋진롬 산책육아 스케줄 엿보기 *312

비싸게 산 물건, 본전 생각에 못 버린다면? *61

비우기 힘든 사람들을 위한 제안 *57

생활비 관리에 도움이 되는 기록법 *225

생활비 지출, 나만의 기준이 필요해! *231

생활비를 아껴주는 득템일지 *239

손쉽게 쓱쌕! 화장실 청소법 *125

싱크대 하부장 정리하기 *108

아이를 위한 친환경 유기농 매장 *197

알아두면 쏠쏠한 고정비 절약 팁 *248

육수를 만들면 외식이 줄어든다! *178

임신, 출산, 육아 무료혜택 받기 *304

재래시장의 좋은 점 *167

조금은 단호하게! 옷 사지 않는 습관 들이기 *94

짐도 경비도 간소해지는 여행법 *32

멋진롬
체크리스트

교통비 지출 체크리스트 *234

냉파요리를 위한 장보기 체크리스트 *170

문화비 지출 체크리스트 *233

버릴 옷 체크리스트 *89

생필품 지출 체크리스트 *233

식비 지출 체크리스트 *231

신발 비우기 체크리스트 *127

아이 책 비우기 체크리스트 *113

옷 사지 않는 습관 체크리스트 *94

왕초보 비우기 실행 체크리스트 *57

외식비 지출 체크리스트 *234

육아비 지출 체크리스트 *233

의료비 지출 체크리스트 *232

의류, 미용비 지출 체크리스트 *232

주방살림 정리 체크리스트 *106

청소 + 살림 체크리스트 — 격일 *83

청소 + 살림 체크리스트 — 매일 *83

청소 + 살림 체크리스트 — 월 1회 *84

청소 + 살림 체크리스트 — 주 1회 *83

가장 독특한 심플라이프 책, 비움의 미학을 배우다!

누구나 행복한 삶을 꿈꾼다. 하지만 행복한 삶의 조건은 돈, 명예, 권력 등이 아니라 우리를 자유롭게 하는 '비움'이 아닐까 한다. 비움의 미학! 우리는 어떻게 비움의 미학을 삶 속에서 실천해야 할까?

이 책은 저자가 깨닫고 실천한 심플한 삶 속에서 얻은 노하우를 비움의 미학 관점에서 매우 현실적으로 이야기하고 있다. 또한 누구나 손쉽게 따라할 수 있도록 아주 구체적으로 알려주고 있기에 '심플한 삶' 관련한 다른 책들과 확연한 차별성을 갖고 있다. 두고두고 꺼내서 읽다 보면 우리를 자유롭게 하는 비움의 미학을 깨닫고 심플한 삶을 통해 행복에 가까워지는 방법을 찾을 수 있을 거라고 본다.

— '월급쟁이 재테크 연구' 카페 주인장 **맘마미아**

멋진롬의 명품 살림법, 이렇게 솔직한 책은 본 적이 없다!

80만 짠돌이 카페를 운영한 지 15년간 수많은 절약 고수들의 삶을 보았지만 이 정도 명품 짠순이는 본 적이 없다. 이 책은 심플한 살림법을 안내하지만 따라해보면 더 이상 뺄 것이 없는 명품 살림법이 된다. 소비에 익숙했던 평범한 여성이 결혼과 육아를 거치며 주부로서 성공적인 역할을 해내기 위한 비책으로 절약, 그리고 심플라이프를 선택했고, 누구든지 배우고 싶은 멋진롬만의 살림법을 완성했다.

한정된 수입으로 가족의 행복과 미래 설계를 위해 지금보다 나은 삶을 위한 선택들, 그리고 성공 과정을 솔직하게 담았다. 이 책은 같은 고민을 하는 대한민국 젊은 주부들의 공감을 얻을 것이다. 책을 보고 따라만 해도 명품 살림꾼으로 거듭날 수 있으니 지금 즉시 이 책을 펼쳐보길 추천한다.

— 절약하고 저축하는 사람들의 모임 '짠돌이' 카페 주인장 **대왕소금**

준비
마당

아이도 지구도 사랑하니까
심플라이프!

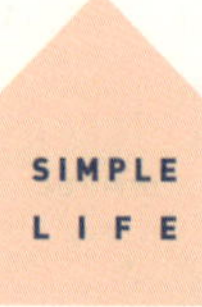

월급 타면 쇼핑하던 여자,
살림을 시작하며 바뀌다!

결혼 전 나는 쇼핑중독녀였다

옷을 좋아한 여자, 가방을 사랑한 여자, 신발을 수집한 여자, 서울 명동에 살면서 월급 타면 곧바로 쇼핑하던 여자.

그게 바로 나였다. 밥 먹기보다 옷방을 채우느라 돈과 열정을 쏟아부었다. 친구를 기다리는 동안에도 쇼핑을 했고, 그걸 본 친구는 또 샀냐며 타박을 했다.

하지만 결혼을 하고 지방에 내려와 살면서 그간 분주하던 내 삶을 되돌아보게 되었다. 그리고 눈앞에 닥친 미션들! 살림을 해내야 했고, 아이를 키워야 했고, 외벌이 박봉 안에서 절약을 배워야 했다.

결혼 전 쇼핑을 좋아하던 내가 점점 변해갔다.

엄마, 그냥 물건이 늘어나는 게 싫어졌어요

절약하는 게 처음부터 쉽지는 않았다. 정해진 생활비에서 욕구를 억누르며 돈을 아끼다 보니 월급날만 돌아오면 폭발했다. 몇 달 연이어 카드를 긁으면서 폭풍 쇼핑을 하다가 다시 정신을 차리곤 했다. 이렇게 고삐 풀리기를 몇 년, 더 이상 롤러코스터 생활은 안되겠다 결심했다.

우선 소비심리, 심플라이프●에 관한 책을 읽기 시작했다. 카페 활동을 통해 고수들에게 자극도 받았다. 주부가 되니 자연스럽게 절약을 생각하는 걸까? 꼭 그런 건 아닌 듯하다. 돈 많이 쓰는 주부들도 많이 있으니까.

나는 그냥 여러 가지 이유로 천천히 절약에 물들어갔다. 지금은 돈을 안 쓰기 위해 꾹 참지 않는다. 그냥 자연스럽게 돈 쓸 곳이 없어져버렸다. 친정 엄마는 나를 보며 제발 좀 사라고 말씀하신다. 엄마니까, 딸이 고생한다고

● 심플라이프 : 복잡함에서 벗어나 단순하고 검소하게 생활하고 즐겁게 지내는 삶.

생각하시는 것이다.

사실 부모님 설득이 제일 어렵다. 친정에서 보내주시는 공수품 줄이는 것도 쉽지가 않다.

결혼 전 나는 쉽게 사고 쉽게 버리고 쉽게 망가뜨렸다. 그에 비해 요즘은 물건 가짓수도 줄고, 비축해놓은 음식도 없고, 모든 자원에 애정을 담아 소중하게 다루며 절약한다. 그런데 왜 이런 모습이 별로일까? 왜 궁상으로 보이는 걸까? 펑펑 쓰면 대인배 같고 아껴 쓰면 쪼잔한 것일까?

예전에 옷이 넘쳐날 때는 엉망진창이었다. 그냥 옷을 처박아두거나 더럽게 입기도 했다. 하지만 지금은 내가 예쁘다고 생각하는 옷 몇 벌만 옷걸이에 잘 걸어놓고 깨끗하게 입는다. 몇 개 안되는 가방도 소중히 쓴다.

세제가 한가득 쌓여 있으면 빨래할 때 아무 생각 없이 들이붓는다. 어차피 많으니까, 펑펑! 그런데 지금은 세제나 샴푸에 여분이 없으니까 정량만 쓰게 된다.

확실히 비축해둔 게 있으면 막 쓰는 경향이 있다. 예전에 과소비하던 내 모습이 지금은 그저 과시욕으로 보인다. 그때로 돌아가고 싶지 않다.

오늘도 아껴야지! 가족을 위해, 지구를 위해!

생산업체가 나 때문에 새로운 제품을 만들어내는 게 싫어졌다. 물론 새 제품 쓰다가 버려도 고물상에 팔면 부품이 재활용되니까 괜찮다고 말들 하지만, 결국 쓰레기만 양산되는 건 마찬가지다. 소비촉진을 위해 절약은 적당히 해야 한다지만, 내가 새 것 안 산다고 큰 타격을 입지는 않는다. 국가 경제를 위해 소비에 동참하자는 생각은 일찌감치 접었다.

물론 아무것도 사지 않고 살아갈 수는 없다. 다만 불필요하게 물건을 사들이지는 않는다. 내가 산 만큼 생산해야 하고, 또 쉽게 버려질 테니까. 지구에 쓰레기가 자꾸자꾸 쌓여간다. 매일 버려지는 저 많은 쓰레기, 무섭다. 내 아이들과 손자손녀들이 쓰레기더미에서 살게 되면 어떻게 하지?

내가 절약하는 이유는 지구사랑도 있지만 이건 큰 틀에서 나온 이유고, 진짜 이유는 신랑이 혼자서 열심히 벌어온 돈을 헤프게 쓰기 싫어서다. 일하다 보면 위에서 쪼이고 아래에서 치이고, 더럽고 치사한 경우도 많을 텐데. 나도 일해봐서 아니까.

물론 '여자도 육아와 살림을 하니까 똑같이 힘들잖아'라고 말할 수 있다. 맞다, 육아맘도 너무 힘들다. 자기 시간이 없으니까. 하지만 이런저런 불평과 비교를 따지고 들면 끝이 없다. 그래, 그냥 남편의 인생만 보자. 아침부터 저녁까지 일해서 돈 벌지만 자기 손으로 만지는 건 없잖아? 월급도 통장에만 찍히고 그 통장은 내가 관리하니까! 남편이 힘들게 벌어온 돈, 지켜주고 아껴줘야겠다는 생각이 들었다. 그것만 생각해도 10만원씩 확확 긁던 게 줄어들었다.

지출하지 않으면 돈을 더 벌어야 하는 고통이 사라진다. 소비하지 않으면 아등바등 더 벌려고 애쓸 필요가 없다. 진심으로 여유롭게 하루하루 살아갈 수 있다.

"여보, 당신은 밖에서 일하며 돈을 벌지.
난 절약해서 돈을 벌게."

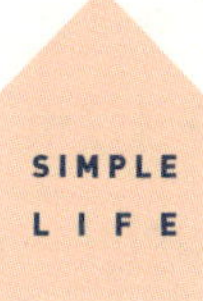

짠순이 말고
미니멀리스트가 되고 싶어!

무조건 안 쓴다고 될까? 비우면 자연스레 절약이 된다

신혼 초 돈 모으고 돈 불리는 재테크에 미친 적이 있다. 그냥 멋져 보였다. 하지만 주변에서 '돈돈거린다'는 말을 듣고 멈추었다. 물론 힘들게 절약한 돈을 굴려서 재테크하는 것도 중요하다. 하지만 돈 자체에 집착하다가는 돈의 노예가 될 수 있다. 주변사람들에게 베풀지 않고 싸구려만 사들이면서 궁상맞게 늙어갈 것 같아서 정신을 차렸다.

'돈을 아껴야지!' 하면서 통제하면 스트레스가 생긴다. 하지만 '심플한 삶을 만들어야지!' 하면 저절로 따라오는 게 절약이다. 이런 마음이 생겨야 돈과 카드에 끌려다니지 않고 맘고생도 안 한다. 관점이 바뀐 후 내가 가장 중점을 둔 것은 자질구레한 것을 비워내고 마음 편한 집에서 사는 것이었다.

우선 매달 옷을 사고 쟁이던 삶에서 좋아하는 옷 몇 벌만 입으면서 한 철을 보내는 삶으로 바꾸었다. 옷장에 옷이 가득해도 누구나 손에 잡히는 옷만 입지 않던가? 아무리 비싸도 입어야 하는 의무감이 드는 옷은 진정한 기쁨을 주지 못한다. 가슴 설레는 옷만 남기고 다 버렸다. 그러자 무분별한 옷 구매가 줄었다.

예전엔 매일 마트에 가야 하는 줄 알았는데 이제는 마트에 간 날을 손으로 꼽을 수 있다. 집에 있는 식재료를 탈탈 털어 '냉장고 파먹기'●를 하다 보니 불필요한 식비 지출이 줄었다. 물론 음식물쓰레기도 줄었다.

비우다 보면 '내가 이걸 왜 샀지?' 하고 되돌아보게 된다. 그리고 '충동구매는 그만 해야지' 깨달음을 얻는다. 힘들게 비워서 깨끗해진 집을 보면 더이상 짐을 늘리고 싶지 않다. 그리고 자연스럽게 뭔가를 사지 않는 순간이 온다.

미니멀리스트와 짠순이를 오가며 느낀 것

나는 지금 심플한 삶을 살게 되어 정말 고맙다. 소유욕이 줄고 소비가 제어되면서 삶이 상쾌해졌다. 부자가 되겠다는 압박과 스트레스가 없어져서 결과적으로 삶의 질이 높아지고 있다. 물건을 소비하는 시간이 줄어드니 내 살림과 아이들에게만 집중할 수 있게 되었다. 두루두루 좋은 생활이다.

● 냉장고 파먹기에 관한 내용은 둘째마당 참고.

좋은 게 좋은 걸 낳으니 선순환의 삶이다.

궁상맞지 않은 참된 절약의 끝자락에 미니멀리스트●가 있을 것이다. 돈돈거리면서 아끼면 오히려 심플한 삶을 살기 어렵다. 미니멀리스트는 질 좋은 것을 위해 비싼 것을 구입하기도 한다. 경험하는 데 돈을 쓰고 주변사람들도 챙긴다.

하지만 짠순이처럼 절약만 하면 삶이 우울하다. 내가 왜 이러고 사나 싶고 돈의 노예가 되는 듯해서 불행하다. 하지만 심플한 삶으로 시선을 돌리면 행복해진다. 둘 다 돈을 쓰지 않는 행위를 하는데도 결과는 행복과 불행으로 나뉜다.

절약이란 이름으로 자신을 몰아붙이며 스트레스 받지 말자. 그냥 미니멀리스트, 심플라이프를 시작한다고 생각하자. 물론 짠순이와 미니멀리스트를 오가는 일은 반복된다. 다 과정이다. 하지만 언젠가 진짜 미니멀리스트가 될 수 있다고 믿는다. 조금만 나 자신에게 너그러워지자.

● 미니멀리스트 : 삶에서 필요한 물건을 소중한 것 중심으로 최소한으로 줄이는 사람.

여행은
소유욕을 내려놓게 만든다

살아가면서 많은 짐은 필요 없다

나는 스무살 때부터 배낭여행을 했다. 처음에는 내 몸무게의 반 정도 되
는 무거운 여행가방을 짊어지고 떠났다. 유럽여행 특성상 이동빈도가 높았

배낭여행 다녀온 곳 표시한 세계지도

간소하게 꾸린 여행가방

는데 가방 때문에 무척 버거웠다.

하지만 여행에 익숙해지고 노하우가 생기면서 점차 짐은 줄어들었다. 커다란 캐리어에서 커다란 배낭으로, 그리고 마침내 작은 백팩만 메고도 훌쩍 여행을 떠나게 되었다.

물론 처음부터 그렇진 않았다. 배낭여행 초기 분신 같던 두꺼운 여행 책도 시간이 지나니 내려놓고 떠날 수 있었다. 스마트폰으로 정보를 얻을 수 없던 시절인데도 말이다. 가기 전에 충분히 읽고 내가 필요로 하는 핵심정보와 지도만 프린트해서 여행노트 뒷면에 붙이고 떠났다.

여행가방의 무게는 곧바로 체력에 영향을 미친다. 여행 경험이 쌓일수록 간소하게 준비해서 출발하게 되었다. 단체여행을 갈 때 친구들이 내 짐을 보고 너무 조금 가지고 가는 것 아니냐며 걱정했지만 나는 그것도 많게 느껴졌다. 여행을 다니면서 삶에서 많은 것이 필요하지 않다는 것을 몸으로 체험하며 비우는 연습이 된 것이다.

"몇 가지만 가방에 넣고 다니는데도 충분히 잘 지내는 것을 보면,
살아가는 데는 많은 짐이 필요 없구나."

내가 여행한 곳 중 가장 기억에 남는 곳은 인도다. 유럽이나 미국에 갔을 때와는 다른 느낌이 든다. 그 이유는 순수하고 맑은 눈과 행복한 미소로 낯선 이방인을 반기는 게 인상적이었기 때문이다. 그에 비해 더 많이 소유한 우리는 얼마나 사람을 반기는가? 우리는 저렇게 해맑게 웃지 않는 것 같다.

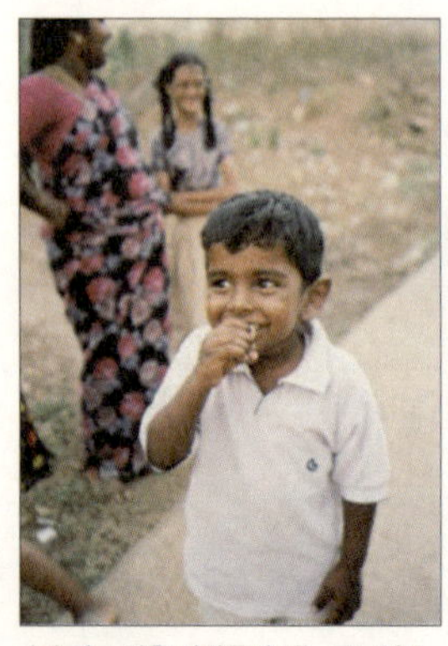

순수하고 맑은 사람들이 사는 곳, 인도

그리고 인도 사람들은 대부분 "No problem!"을 외친다. 내가 조급하지 않아도 세상은 잘 돌아가니까. 나는 그곳에서 여유와 느리게 걷기를 배웠다. 소유한 게 많다고 꼭 행복한 게 아니리라. 가난하고 부족하다고 꼭 불행한 것이 아닌 것처럼 말이다.

여행은 삶처럼, 삶은 여행처럼

나도 가끔 비우기가 잘 안된다. 소유욕이 스물스물 올라올 때마다 이 말을 생각한다.

"여행은 삶처럼, 삶은 여행처럼.
여행자처럼 언제든 떠날 수 있는 짐만 갖고 살아가길.
여행은 평소 삶을 살아가듯 자연스럽게 하기."

산 속에서 수행하는 것보다 속세에서 평정을 유지하며 사는 것이 정말로 차원이 높은 수행이라고 생각한다. 미니멀리스트가 되고 싶다고 해서 산 속으로 들어가면 잘 차단되기는 하겠지. 오히려 복잡한 소비도시 한복판에서 살면서 자신을 통제하고 신념대로 사는 것이 더 어려운 일이다. 그래서 한편으론 신랑 따라 도시를 떠난 것에 감사한다. 내가 계속 서울에 살았다면 과소비 습관에서 벗어나기 힘들었을 것이다.

난 도시를 떠나면서 비로소 휴식도 맛보고 돈 쓰지 않아도 잘 살아진다는 것을 체험했다. 여행을 다니며 많이 소유하지 않아도 살아지는 것을 체험했듯이 말이다. 외로운 생활이라도 내 삶을 바꿔준 이 생활에 감사한다.

지금은 20대처럼 훌쩍 배낭여행을 떠날 수 있는 상황이 아니다. 하지만 언젠가 다시 떠날 때가 올 것이다. 내가 다시 여행을 하게 된다면 그때는 어떤 것을 챙겨가고 어떤 것을 미련없이 놓고 갈 것인가? 이런 생각을 하다 보면 오늘도 버릴 것과 남길 것이 자연스럽게 추려진다. 예전에 쓴 여행노트를 통해 내 안의 심플라이프 DNA를 확인한 순간.

짐도 경비도 간소해지는 여행법

젊은 시절 여행하면서 나만의 노하우가 몇 가지 생겼다.

추억을 엽서로 남기기

추억을 위해 나 자신, 친구, 애인에게 엽서를 보낸다. 그때 그곳의 느낌을 담아서 쓴 엽서를 한 달 뒤 여행을 마치고 돌아와서 일상 속에 있다가 받게 되었을 때의 신선함. 이게 은근 중독이라서 꼭 하게 된다.

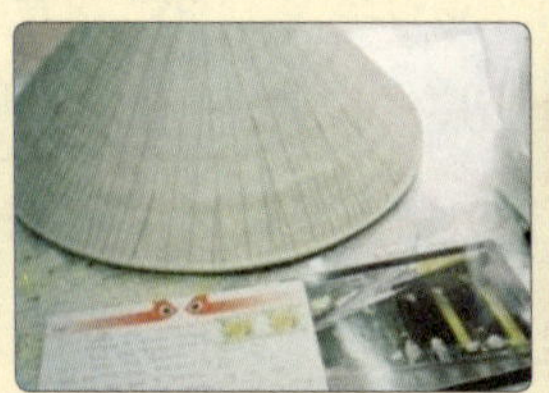

여행의 추억을 간직하도록 해주는 여행 엽서들

기념품 사지 않기 (산다면 간단한 것으로)

되도록 기념품을 사지 않는다. 집에 와서도 짐이다. 배낭여행에서는 짐이 많아지면 독약과도 같다. 하지만 그래도 추억을 남기고 싶다면 펜, 책갈피는 어떨까? 부피도 작고 기념하기 좋은 것들이다. 책갈피는 돌아와서 책 볼 때 사용하며 추억을 되새

여행 기념품으로 좋은 볼펜과 지폐

길 수 있다. 각 나라별로 지폐 한 장쯤 가져오는 것도 좋다. 여행노트에 끼워두고 살펴볼 수 있으니까. 나중에 아이들 교육에도 도움이 되었다.

지인 선물을 최소로 줄이기

누군가 여행 간다면 내 선물은 사오지 말라고 말한다. 그리고 선물해야 한다면 모든 사람에게 선물할 수는 없다는 것을 기억한다. 예를 들어 지난번에 선물한 사람은 이번 여행에서는 제외한다.

헌옷 입고 여행하며 버리기

버릴 옷을 챙겨가서 입고 버리며 짐을 줄인다.

여행 짐 부피 줄이기

여행 책은 e-Book으로 가볍게 준비하고, 화장품은 샘플을 챙겨간다. 옷과 소품들은 각각 지퍼백에 넣으면 정리가 잘되고 압축되는 효과도 있다. 이렇게 하면 작은 가방으로도 충분히 여행이 가능하다.

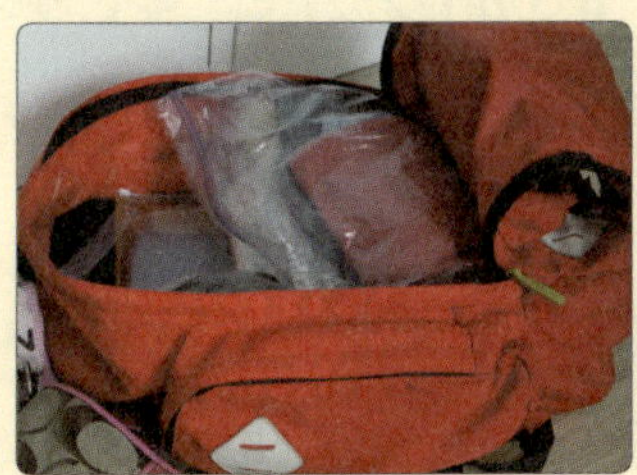

여행 짐은 간편한 게 최고!

심플한 살림도
나만의 스타일이 중요해

살림? 책으로 배웠습니다

대학교 때 발전하는 여성이 되고 싶어서 도서관에 있는 자기계발 책을 거의 다 읽었다. 같은 분야 책만 계속 읽다 보니 어느 순간 "아!" 하고 감이 잡히면서 머리에 콕 박혀버렸다. 그리고 내가 원하고 되고 싶은 여성상을 적어두고 따라했다.

살림을 전혀 안 해봐서 막막했을 때도 역시 관련 분야 책을 계속해서 읽었다. 재테크, 살림, 심플라이프 등. 일단 읽고 따라해봤다. 따라하다 보니 지금의 내가 있게 되었다. 이 책을 읽는 분들도 지금 당장 따라하길 바란다. 따라하지 않으면 진짜 내 것이 되지 않으니까!

《심플하게 산다》, 《인생이 빛나는 정리의 마법》, 《지극히 적게》, 《우리 집엔 아무것도 없어》, 《사지 않는 습관》, 《심플한 정리법》, 《소식의 즐거움》, 《이너프》, 《3배속 살림법》.

이 책들은 내가 심플한 삶을 살게끔 도와준 책들이다.

하지만 내 스타일대로 심플라이프!

절약을 실천하기 위해 다른 사람들의 가계부를 탐독하고 절약법도 따라 해봤다. 차츰 나에게 맞는 방법을 찾았고 따라할 수 없는 영역도 생겼다. 어느 정도 절약에 성공했다고 생각했는데, 넘사벽인 사람들은 여전히 존재했다. 전기세, 가스비, 수도세 등 정말 조금 나오는 분들을 보면서 스트레스를 받기 시작했다. 으…… 나는 왜 저걸 못 줄이냐고!

하지만 포기할 것은 포기해야 했다. 나라와 지구를 위해서 절약하는 것을 좋아하지만, 나는 집에서 삼시세끼 먹어야 하기 때문에 좀처럼 전기세와 수도세가 줄지 않았다. 대신 외식비가 안 들어서 이득이라고 생각했다.

남들처럼 온라인 가격비교와 전단지 비교 후 구입하는 것을 따라해봤는데 에너지 소모가 장난이 아니었다. 뿌듯하지도 않았고 와닿지도 않았다. 시간도 돈인데, 시간이 너무 많이 들어가는 일이었다. 그래서 적당히 할인하는 사이트에서 구입하고, 재래시장과 집 앞 슈퍼에서 소량구매하기로 정했다. 대신 버리는 식재료 없이 알뜰히 요리하는 것으로, 발품 팔아 할인받지 못한 부분을 채웠다.

미니멀리스트라고 다 버릴 필요는 없다

살림 비우기도 열심히 하고 있지만 우리 집에서 정말 잘 활용하는 광파오븐과 오쿠는 안 버린다. 버릴 생각이 없다. 왜냐하면 나는 저 가전제품을 제 값 뽑고도 남게끔 잘 쓰고 있기 때문이다. 가전제품 2개 덕분에 집에서 간식과 영양식을 만들면서 외식비 절감 효과를 톡톡히 보고 있다.

그릇도 더는 안 버린다. 밥상 잘 차려서 먹는 게 행복하니까 나를 즐겁게 하는 것들은 남긴다. 미니멀리스트라고 다 버릴 필요는 없다. 잘 쓰고 기분 좋게 해주는 것들은 남긴다.

깔끔하게 정돈한 그릇장. 집밥을 사랑하는 나에게 그릇은 어느 정도 필요하다.

단, 1년에 한 번 쓰는데 품고 있는 물건이라면 생각해볼 법하다. 그리고 불편해서 잘 쓰지 않는 가전제품이면서 언젠가 쓰겠지 하는 것은 버린다. 그래서 나는 전기압력밥솥을 버렸다. 대신 미니압력솥을 사용한다. 수시로 신선한 밥을 해먹는다. 불편하지 않냐고 묻지만 정작 나는 익숙해져서 괜찮다. 보온 중인 밥솥이 전기를 많이 잡아먹어서 전기세 절약해보려고 압력솥에 수시로 밥을 해먹기 시작했는데, 매번 신선한 밥을 먹을 수 있어서 좋았다. 이건 내가 정한 내 스타일이다.

삶의 전반에서 다른 사람의 삶을 보고 도움을 받는 것은 좋지만 그대로 따라할 필요도 없고 그대로 못한다고 스트레스 받을 필요도 없다. 참고만 하고 모방하면서 내 스타일을 만들어가는 것이 중요하다.

직장맘은 옷장을 비우기가 힘들다. 대신 살림을 많이 안 하니까 주방도구를 줄이면 된다. 신혼집은 아이가 생길 거니까 더 비워놓아야 하고, 아이 있는 집은 육아용품이 많으니까 엄마 짐을 더 줄이면서 살림을 구상해가면 된다.

심플한 집을 위해서 다 비우라고 말하지만 내가 기분 좋아지는 작은 공간은 남겨둔다. 이곳에 꽃, 캔들, 사진 등을 놓아두고 기분 좋게 바라본다.

자식에게 짐이 되지 않는 삶
| 이모의 심플라이프 |

닮고 싶은 사람, 배우고 싶은 사람

이모를 보면서 정말 많이 배운다. 나도 저렇게 늙고 싶다. 나의 멘토인 이모는 여러 이모 중 둘째 이모다. 8남매의 막내인 친정엄마와 나이 차이가 많이 난다.

이모는 일찌감치 남편을 잃고 혼자서 쌍둥이를 키웠다. 그 시절, 세탁기도 냉장고도 없었다지. 고무장갑도 없이 맨손으로 찬물에 천기저귀 빨아가며 아이들 키웠다고 들었다. 이모부 살아 계실 때도 이모부의 벌이가 끊기면 이모가 집에서 부업하며 살림을 했다. 돈이 생기면 쌀 조금, 아이들 먹일 분유 사고 남은 돈으로 한 달을 버텼다고 한다.

하지만 그 사정을 이모의 형제 분들도 잘 몰랐다. 아무리 힘들어도 돈을 빌려달라고 하지 않으셨기 때문이다. "돈은 갚을 능력이 있어야 빌리는 거지, 갚을 수 없는 상황에서는 빌리는 게 아니야!"라는 이모님 말씀.

자식들이 다 출가하고 자리도 잡았지만 여전히 이모는 자기 벌이를 스스로 하신다. 오히려 자식들에게 뭔가를 계속 주신다. 그런 모습을 보면서 나도 자식에게 짐이 되는 부모는 되지 않아야지 다짐한다.

"사고 싶어도 돈 없으면 안 사는 거야."

언젠가 같이 쇼핑하면서 "이모, 돈 없으면 어떻게 살지?" 했더니 이러신다. "돈 없으면 안 사면 되잖아." 아, 그렇구나. 왜 그걸 몰랐지.

이모는 항상 몸을 움직인다. 걷기, 등산, 스트레칭 등. 그에 비하면 난 그냥 퍼져 있다. 그래서일까? 이모는 일흔이 넘었는데도 몸이 탄탄하고 건강하시다. 정말 자극을 많이 받는다.

이모는 검소하지만 항상 자신을 치장하고 꾸민다. 물론 사치스럽게 몸을 휘감는 건 아니다. 비싼 옷이 아니어도 항상 깨끗한 옷을 입고 계신다. 약속이 없어도 아침마다 씻고 머리를 말고 화장을 하신다. 수시로 집에서 손톱, 피부, 각질도 관리하신다.

어디 따로 가는 곳도 없는데 왜 그렇게 꾸미시냐고 물었다. 그랬더니 이모는 이렇게 준비하고 있어야 갑자기 나갈 일이 생겼을 때 휙 나갈 수 있다고 하신다. 우리 이모, 명품으로 꾸미지 않아도 멋있다.

마음이 부자, 주변사람을 잘 챙기는 멋쟁이

이모는 부자가 아니다. 남편 없이 일하셨기에 수입에 한계가 있다. 하지만 내가 출산했을 때 축하금을 따로 챙겨주셨다. 손자손녀 모두 5명이 있는데 매년 학용품, 옷, 책가방, 어린이날 선물 따위를 세심히 챙기신다.

그래서인지 주변에 좋은 친구, 지인이 많다. 큰돈 아니어도 마음으로 주변사람들을 잘 챙기신다. 우리 집에 놀러오실 때면 멸치볶음, 장아찌 조금이라도 챙겨오신다. 그 마음이 너무 따뜻하고 감사하다.

이모는 노후준비도 스스로 하셨다. 지금은 국민연금 조금 받고, 혼자 살 만한 작은 임대아파트 값도 갖고 계신다. 이모는 물건을 소유하기보다 경험하는 데 돈을 쓴다. 친구 분들과 함께 여행도 자주 다닌다. 이런 이모를 보면서 많이 느끼고 배운다.

닮고 싶은 이모의 경제관

* 돈이란 많이 버는 것보다 어디에 가치를 두고 쓰는지가 더 중요하다.

* 돈은 갚을 능력이 있을 때만 빌린다.

* 자신을 가꾸고 매일 운동하며 건강하게 사는 게 돈 버는 것이다.

* 돈이 없으면? 안 쓰면 된다!

* 여행과 경험하는 데 돈을 쓰자. 기념품 사는 데 정신 팔지 말 것!

* 자식에게 의지하는 노후를 보내지 말자.

* 움직일 수 있다면 쭉 일하자.

내가 생각하는 심플한 삶은 이런 것. 이모처럼 살아가는 것이다. 늙은 내 모습을 떠올리며 지금 내 삶을 만들어간다. 20대까지 이미 정해진 가정의 테두리 안에서 주어진 대로 살았다면, 결혼하고 가정을 꾸린 30대가 된 지금 스스로 선택하고 꿈꾸는 대로 삶의 모습을 만들어갈 수 있다. 그러니 조급할 것 없이 내가 원하는 삶의 모습을 그려놓고 거기에 초점을 맞추어 살아가면 되는 것.

묵은 짐을 합리화하는 노인이 되고 싶지 않다

나는 억척 여성이 아니라 현명한 여성으로 늙고 싶다. 묵은 살림이란 미명 아래 짐이 많은 것을 합리화하는 70대가 되고 싶지 않다. 아이들이 분가하고 성장할수록 짐이 없는 삶을 살고 싶다. 하지만 지금은 아이들을 키우고 있으니 현재의 내 짐부터 정리해야지. 건강한 식탁을 차리고 아프지 않은 노후를 준비하며 잘 살아가려고 한다. 내가 바라는 70대 여성의 모습은 다음과 같다.

내가 그리는 70대의 모습

* 당당한 70대. 패션을 포기하지 않고 심플하지만 세련된 몇 벌의 옷을 입는다.

* 작은 집에 살고 살림은 별로 없다.

* 가능하면 늙어서도 배낭여행을 하고 공부하고 책을 가까이한다.

* 분명 의존성향이 강한 노인은 아닐 것이다.

평범하게 살아가는 게 가장 어렵다. 그래서 지금 당장 심플라이프가 필요하다. 흥청망청 물건을 사들이고 냉장고를 채우고 살다 보면 70대에는 더 많은 짐을 이고 살겠지. 늙어서 수입이 없어지면 자식에게 의존하는 노인이 되어 있겠지.

언제 죽을지 모르는 인생이지만, 오래 살게 된다면 잘 정돈된 여성으로 살아가고 싶다. 지금은 어린 두 아들 양육과 살림을 병행하며 정신없는 하루를 보내고 있다. 그렇게 바쁘다는 핑계를 대며 아무 생각 없이 살아간다면 그런저런 노인이 되어 있겠지. 같은 하루라도 생각하고 행동하며 사는 것과 하루하루 달려가기만 하는 것은 천지 차이니까. 이모처럼 늙어가려면 지금부터 삶을 정돈하고 심플함에 익숙하도록 바꾸며 살아야 한다.

"내 인생의 멘토, 이모.
나도 이모처럼 늙어가고 싶어요."

진짜 어른 되기,
진짜 독립하기

나에게 돈이 생기는 방법은 무엇이 있을까?

첫째, 일하면서 노력해서 버는 것.

둘째, 펀드나 주식, 부동산 등에 투자해서 버는 것.

셋째, 부모에게 물려받는 것.

이중 우리 부부가 중요하게 생각하는 것은 바로 첫째, 일하면서 버는 돈이다. 둘째, 투자는 아직 할 단계가 아니다. 왜냐하면 안정적인 재정을 확립한 후 여분의 돈으로 투자할 계획이기 때문이다. 물론 이것은 사람마다 다를 것이다. 그리고 마지막으로 부모님께 물려받는 것. 우리 부부는 이것에 대한 기대가 있나? 없다!

가장 가치 있는 돈은? 일해서 버는 돈!

시댁과 친정이 못살아서, 우리를 도와줄 수 없어서가 아니다. 시댁도 친정도 모두 자기 소유 집에 살고 계신다. 시부모님은 연금으로 생활하시고, 친정은 아버지가 아직 일하고 계셔서 경제적으로 어렵지 않다.

우리 부부는 부모님께 뭔가를 물려받을 생각이 없다. 제발 양가 부모님 모두 다 쓰고 가셨으면 좋겠다. 물론 부모님들은 평생 고생해서 번 돈을 자식들에게 물려주고 가야 된다고 생각하실지도 모르겠다. 하지만 내가 따로 잘 챙겨드리지도 못하는데 부모님 재산 물려받는 건 도둑놈 심보나 다름없다. 지금까지 키워주신 것만도 감사한데 재산까지 바라면 안되지 않을까?

'아들이니까 시부모님이 저 집은 우리 주시겠지?' 하고 기대하는 것은 아니라고 생각한다. 요즘엔 주택연금이 있어서 노인들이 살고 있는 집의 시세를 평가해 연금으로 돌려주는 상품이 있는데, 혹시 우리 부모님이 나중에 연금도 없고 돈이 부족하다면 주택연금에 가입해 생활비로 다 사용하셨으면 좋겠다. 돌아가시는 대로 남김없이 다 쓰고 갈 수 있는 시스템이라 참 마음에 든다.

부모님 돈은 부모님 돈이다

가끔 TV에서 사람들이 부모님 돈을 욕심내며 싸우는 것을 본다. 솔직히 나는 잘 이해되지 않는다. 어르신들께 절대로 돌아가시기 전에 재산 물려주지 말라고 말씀드리고 싶다. 자식이 급하다니까, 나중에 용돈으로 되돌려주겠지 기대하면 실망한다. 자식은 부모의 사랑을 따라갈 수가 없다.

나부터 부모 입장에 서면 내 자식들에게 집 한 채씩 사주고 싶다. 하지만 내 마음이 그러할지라도 부모님께 아끼지 말고 다 쓰고 가시라고 말하는 게 어떨까?

물론 우리 부부가 돈을 많이 벌어서 기대를 안 하는 건 아니다. 우린 아직 부부 명의의 집도 없다. 우리 집은 보건소에서 영양플러스 받을 수 있는 소득수준이다. 턱걸이로 받긴 했지만.

부모 재산이 많은 집은 아마도 기대하는 바가 있을 것이다. 그런 집은 더 아낄 수 있는 돈을 쉽게 써버리지 않을까? 남겨줄 재산이 없는 집이라고 부모를 원망하고 싶은 분도 있을 것이다. 안쓰럽게도 부모에게 물려받은 빚이 있는 집도 있다. 그런 경우는 논외로 치더라도, 어쨌든 안 남겨주는 게 당연한 거다.

남겨주는 집이 운 좋은 거라고 생각하면 어떨까? 기대하지 않고 있다가 혹시라도 그렇게 남겨준 재산을 받으면 기쁘겠지. 그래서 우리 부부는 먼저 우리 힘으로 열심히 살아보자고 약속했다.

아이를 독립적으로 키우고 싶다면 나부터 독립해야

우리나라 사람들은 다른 나라에 비해서 독립이 늦다. 특히 경제적 독립은 더 늦은 편이다. 결혼해서 육체는 독립했는데 경제적 독립이 안되는 게 요즘 세태다. '부모 돈은 내 돈'이라는 생각을 지워야 내 자식도 독립적인 아이로 키울 수 있다.

아마도 나는 친정에서 교육받은 게 엄마 돈 자식 돈 구분이 확실해서 그런가 보다. 가족끼리 1,000원이라도 빌리면 딱딱 갚아야 하는 분위기다. '그냥 사줄게' 했으면 그 돈이 얼마라도 청구하지 않는다. 하지만 '빌려줘'라고 입 밖으로 나왔으면 1,000원이라도 꼭 갚아야 한다. 그래서일까, 친정 식구 모두 돈거래는 철저하다. 돈에 대한 독립심이 남다른 편이다.

신랑은 고등학생 때부터 아르바이트해서 자전거도 사고 취미활동비를 마련했다. 갖고 싶은 게 있으면 스스로 벌어서 마련했다. 우리 아이들도 이렇게 경제적, 정신적 독립이 빠른 아이로 키우고 싶다.

기록은
삶을 바꾼다

블로그, 카페 글쓰기가 나를 변화시켰다

다이어리와 별개로 생각을 적는 노트가 있다. 오랜만에 펼쳐보니 알뜰하
게 결혼 준비를 하려고 노력한 것, 억지로 소유욕을 누르던 모습, 지구를 사

결혼 전부터 내 생각을 정리한 노트

랑할 수 있는 방법, 한 가지 아이템으로 예쁘게 입으려 노력한 이야기들이 있었다.

이렇게 기록은 나를 되돌아보며 생각을 정리하게 해주고 때로는 나를 통제하는 일에 촉진제가 된다. 결혼 후 절약 카페에 매일 가계부 일기를 기록했다. 엄청난 지출에 허덕일 때도, 타이트하게 생활비를 운영할 때도, 일주일 동안 아무것도 사지 않는 미션을 할 때도 기록을 남겼다. 누가 시켜서 한 일이 아니고 선물이 걸린 것도 아니었다. 하지만 매일 기록하는 과정 자체만으로 내가 변했다.

성공적인 가계부를 쓰고 싶은 심리가 작용해 쉽게 지출할 수 있는 날도 사지 않고 지나갔다. 때로는 고삐가 풀려 과소비를 하고 기록하는 것도 놓치면서 더 많은 지출에 허우적거렸지만, 다시 기록을 하면 정신이 차려지고 생활비 목표대로 지출을 통제할 수 있었다.

온라인에서 얼굴 모르는 절약 동지들과 함께 으쌰으쌰하며 심플한 가계부를 만들어갔다. 그리고 개인공간인 블로그에서는 육아일기를 적고 심플한 삶을 이루어가는 과정을 기록했다.

그런데 글을 본 많은 사람들이 응원을 해주었다. 도움이 된다는 댓글, 같이 변하고 있다는 쪽지, 우울증이 있었는데 함께 비우기 하면서 우울증이 없어졌다는 경험담을 들으면서 더 열심히 살림을 비우고 내 생각을 정리해서 공유했다. 덕분에 이렇게 책으로 더 많은 분들과 만나게 되었다.

기록을 하면 나의 변화를 3인칭 시점으로 볼 수 있다. 그래서 나 자신을 조금 더 객관적으로 보게 된다. 아무리 자기 잘난 맛에 살아도 평가할 때는 객관화가 중요하니까!

　나는 학교에서 내준 일기 숙제는 나중에 추억하라는 목적인 줄 알았다. 그런데 매일 기록해보니 일기는 하루를 되돌아보면서 앞으로 살아가는 추진력을 주는 마법 같은 일이었다! 매일 비우기 과정을 기록하고 절약 일기를 쓰기만 해도 지금보다 변화된 삶이 찾아온다. 신기하다.

멋진롬 블로그 blog.naver.com/000sr000

절약 동지들이 모여 있는 월재연 카페와 짠돌이 카페

글을 올리면 이웃분들이 댓글로 응원해주셨다.

마법 같은 버킷리스트, 적기만 해도 이루어지더라!

학생 때부터 버킷리스트 적는 것을 좋아해서 쓰고 행동했다. 결혼해서도
마찬가지였다. 매년 버킷리스트를 정리하면서 결혼으로 시작된 인생을 만

들어갔다. 다음은 2015년에 쓴 버킷리스트다.

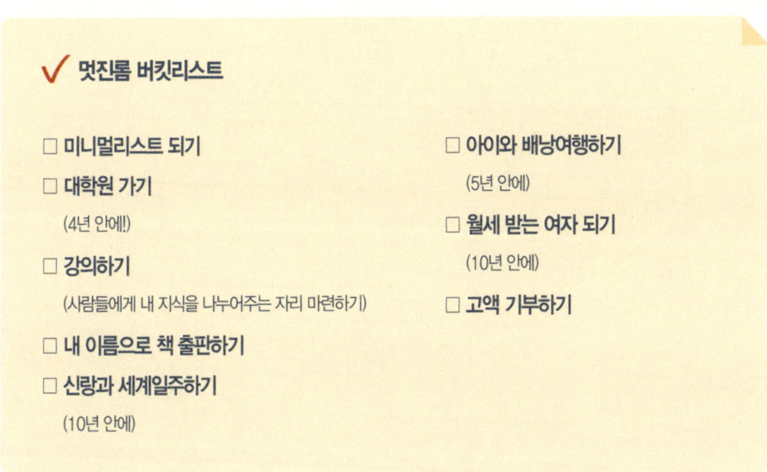

'미니멀리스트 되기'를 적어놓고 정말 미니멀리스트가 되고 싶어서 더 열심히 비워갔다. 그리고 언젠가 막연히 생각하기만 했던 '내 이름으로 책 출판하기'가 이렇게 빨리 이루어진 것을 보면서 놀랐다. 앞으로 다른 것들도 이룰 수 있다고 믿는다.

이렇듯 기록은 인생을 바꾼다. 블로그나 카페에 글을 올리다 보면 약속을 지키고 싶어서라도 더 열심히 실천하게 된다. 지금 당장 여러분도 버킷리스트를 작성해보면 어떨까?

첫째
마당

우리 집
살림살이 비우기

혹시
완벽주의자세요?

왜 이렇게 치열하게 사느냐고 묻는다면

내가 절약하고 정리하고 비우는 과정을 보면서 어렵다, 까다롭다, 깐깐하다고 생각할 수 있겠다. 그래, 나 완벽주의자다. 생활비도 타이트하게 운영하고, 집정리도 착착착! 혼자서 애 둘 키우며 욕심은 많아서 엄마표 놀이, 집밥, 다 놓치지 않고 산다. 42킬로그램에 154센티미터밖에 안되는 여자지만 내가 봐도 나는 슈퍼우먼 같다.

하지만 내가 요즘 치열하게 사는 것은 오히려 완벽주의 스트레스에서 벗어나기 위해서다. 뭐든 잘하려고 했더니 걸리적거리는 게 많더라. 가지치기를 하지 않으면 완벽주의를 추구하다 내가 스트레스 받고 쓰러질 것만 같았다. 그래? 그렇다면 할 일을 심플하게 만들어버리자, 스트레스 덜 받도록! 그래서 이렇게 살고 있다.

선택과 집중이 필요해! 그래서 심플한 삶

신용카드 결제일에 돈 나가는 거 볼 때마다 전전긍긍했다. 왜 이리 많이 쓴 거지? 모자라면 어쩌지? 이런 자책이 싫어서 카드를 잘랐다. 그리고 현금을 빼서 그 안에서 속 편하게 쓴다. 과정이 좀 힘들어서 그렇지, 그 산만 넘으면 참 좋다.

돈 안 쓰는 것? 물론 힘들 수 있다. 하지만 생활비 안에서 소비하기 위해 가계부를 쓰며 고군분투하다 보면 과도한 지출과 정신없던 생활을 반성하게 된다. 그리고 어느 순간 자연스레 절약하는 습관이 잡히면 돈에 쫓기지 않아도 다 살아진다는 것을 체득하게 된다.

집이 깨끗했으면 좋겠는데 아이들이 계속 어지른다. 청소를 하다 보면 몸은 고달파지고 집안일은 끝도 없다. 에잇, 이럴 바엔 정리할 물건을 확 줄여서 청소하는 고통을 없애버리자.

이제는 카드도 정리되고 생활비와 예비비가 안정화되면서 가계부 정리가 편해졌다. 지출이 줄어드니 가계부 쓰는 시간도 확 줄었다. 비우기를 시작하면서 가구와 집을 줄여가니 청소할 게 줄어서 편해졌다. 그리고 여유롭게 나를 위한 식탁을 차릴 수 있게 되었다.

과거부터 지금까지, 그리고 앞으로 얼마간은 완벽주의 스트레스에서 벗어나기 위해 역설적이지만 완벽주의자의 방식으로 정리를 하고 있다. 그래도 고지가 얼마 안 남았음을 느낀다.

심플한 삶 덕분에 혼자만의 시간을 갖게 된다

심플한 삶의 첫걸음은 가지치기다. 중요한 것만 남기고 가슴 설레지 않는 것들을 비워낸 덕분에 낮에 혼자만의 시간을 갖게 되었다. 남은 시간에 생각하고 글 쓰고 책 보고 그런다. 삶을 되돌아보고 앞으로 나아갈 방향도 생각한다.

이 기쁨을 많은 사람들이 알았으면 좋겠다. 물론 단번에 도달하기는 힘들다. 나 역시 현재진행형이다. 하지만 이 책을 읽는 여러분은 나의 시행착오와 심플라이프 스타일을 참고해 좀더 수월하게 갔으면 좋겠다.

비우기 힘든 사람들을 위한 제안

비울 것들 죽 적어보기

주변에서 자극을 받아도 비우기 힘든 사람들에게 제
안해본다. 먼저 필요 없는 것들을 주욱 적은 뒤 순서
대로 버리기 시작하자. 막상 보면 못 치울 것 같고 뭘
치워야 할지 모를 때, 앉아서 생각하다 보면 버릴 것
이 생긴다. 눈으로 보면 아까워 못 버릴 것도 막상 안
보고 죽 적어내려가면 버릴 것이 많아진다. 그리고 적
어놓은 것은 고민하지 말고 분리수거대로 모아서 바
로 처분해야 한다. 나도 어쩌다 시간이 남으면 앉아서
버릴 것들 생각하는 것이 요즘 취미다.

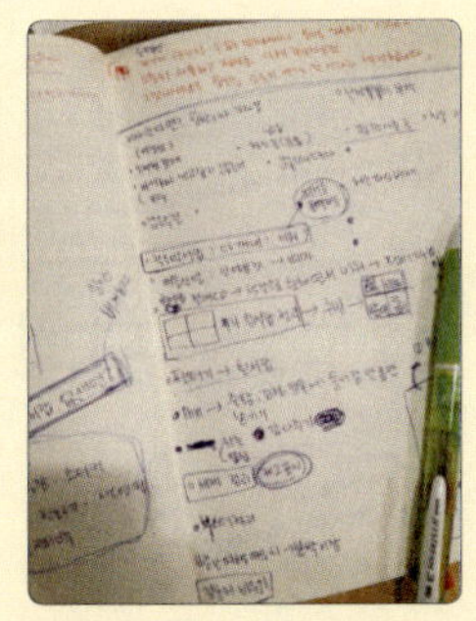

눈으로 보면 못 버려도 죽 적다 보
면 버릴 수 있다.

버리다 보면 권태기가 온다. 더 이상 버릴 것이 없고
그만 하고 싶을 때 딱 그만둔다. 권태기인데도 버리려고 하면 스트레스가 될 뿐이
다. 억지로 하면 나중에 왜 버렸나 후회할 것들도 생긴다. 평생 포기하지 않고 꾸준
히 하는 게 중요하니까 페이스 조절을 잘해야 한다. 사람마다 버리는 스타일이 다
르다. 어떤 사람은 매일 조금씩 버리는 것이 꾸준히 습관을 익힐 수 있어서 좋다고
한다. 하지만 나는 몰아서 버리고 일주일 푹 쉬었다가 충전되면 또 왕창 버리는 스
타일이다. 자신의 패턴에 맞춰서 인생 길게 보고 비워내면 된다.

✔ **왕초보 비우기 실행 체크리스트**

☐ 비울 것들을 적어본다.

☐ 매일 1개, 2개…… 10개씩 꾸준히 비운다.

☐ 3일 열심히 몰아서 버리고 일주일 쉬었다가 또 버릴 것이 생각나면 왕창
　비운다.

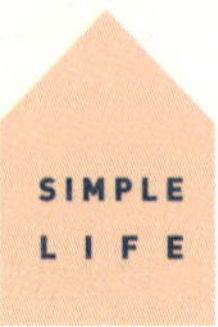

비우기도
나만의 기준이 필요해!

정말 필요 없는 물건은 쉽게 버리지만 애매한 물건은 버리기 어렵다. 하지만 기준이 있으면 비우기가 훨씬 쉬워진다. 내가 비우는 기준은 바로 이거다.

비우기 기준 1 | 가슴이 설레는가 아닌가?

옷을 하나하나 들고 고민한다. 비싸게 돈 주고 산 옷이지만 가슴이 설레지 않는다면? 그럼 버린다. 저렴한 옷이지만 설렌다? 그럼 입는다. 비싸게 산 그릇이지만 마음에 영 안 들어서 한 번도 쓴 적이 없다면? 그럼 과감히 다른 사람에게 준다.

비우기 기준 2 | 버릴까 말까 고민되는가?

가슴 설레는 것은 버릴까 말까 고민도 안 한다. 고민되는 물건은 결국 버리게 된다. 그 고민이 하루든 1년이든 차이가 있긴 하지만 결국은 버린다. 나에게 큰 냉장고는 없어도 될 물건이었다. 버릴까 말까 고민하다 결국 없앴다. 본전 생각나서 안고 가는 것은 언젠가 없어질 물건이다. 빨리 없애는 것이 마음도 편하고 공간도 넓게 쓸 수 있어서 좋다.

비우기 기준 3 | 언젠가 쓰게 되리라고 기대하는가?

그 언젠가는 결국 오지 않더라. 친정집 창고에는 별별 물건이 가득하다. 친정엄마는 언젠가 쓸 줄 알고 두셨다는데, 다 버리고 나니 기억도 안 나신단다. 그러니 언젠가 쓸 것 같아서 쟁여놓은 물건은 비우기 1순위다.

비우기 기준 4 | 나보다 타인이 새 생명을 불어넣을까?

사용하지 않고 죽여놓은 물건이라면 차라리 다른 사람에게 넘겨서 새 생명을 불어넣는 게 좋다고 생각한다. 그래서 얼마 전 정말 아끼던 구두를 잘 신어줄 수 있는 사람에게 주었다. 지금 이렇게 사진만 봐도 내 가슴을 두근거리게 하는 구두인데…… 그러면 뭐 하나, 나는 커서 못 신는 것을. 평생 알 품듯이 껴안고 살 수는 없잖아? 부디 마음껏 세상을 밟고 다니길 기원하며 떠나보냈다.

구두에 새 생명을!

비우기 기준 5 | 실용적인가 아닌가?

아기체육관 장난감은 말 그대로 아기용이다. 우리 아이들은 유아지만 아기체육관에서 나오는 음악에 맞춰 매일 춤도 추고 잘 놀아서 버리지 않고 놔두었다. 실용적으로 잘 쓰고 있다.

그런데 정작 실용적일 것 같은 큰 주전자는 입구 닦기가 번거로워서 처분했고, 튀김기는 기름을 너무 많이 소비할 뿐 아니라 뒤처리가 불편해서 없앴다.

광고에서 아무리 좋다고 해도 사용할 때 불편한 물건은 삶의 질까지 떨어뜨린다. 그래서 필요한 사람에게 주든지 재활용센터에 넘기는 게 좋다. 물건을 비울 때는 실용적인지 아닌지 여부가 중요한 기준이 된다.

비싸게 산 물건, 본전 생각에 못 버린다면?

큰돈 주고 교훈을 얻었다고 생각하자!

실제로 사용하지 않는 물건인데 비싸게 주고 산 거라 못 버리는 경우가 많다. 지극히 평범하고 물욕 많던 사람인 나도 그런 물건은 버릴 때마다 괴롭다. 그래서 비싸지만 1년이든 2년이든 시간이 지나도 안 쓸 것 같은 물건들, 사용하면서 기분이 안 좋은 물건을 버릴 때는 딱 하나만 생각한다.

"내가 이런 것 사지 말아야 한다는 것을 큰돈 주고 배웠다 생각하자!"

학원 다닐 때도 돈 들잖아? 그냥 학원 가서 배웠다 치자. 가슴 설레지 않는 물건은 사지 말라는 가르침을 얻었으니, 너는 이제 가버려라! 훨훨~

눈앞에서 사라지는 순간 죄책감도 없어지고, 저것을 제값 뽑으려면 사용해야 한다는 부담감도 사라져 홀가분하다. 어차피 물건을 사면서 없어진 돈, 마음의 짐만 버리면 되는 것이다. 버리면서 깨달음을 얻는다. 그 교훈 덕분에 앞으로 대충 사지 않아서 돈을 아끼게 된다면 장기적으로 봤을 때 이득이다.

죄책감 없애기? 비우기 외에 답이 없다!

"다시 좋은 방법으로 쓰면 되지, 그걸 왜 버리냐! 낭비다!"라고 말하는 사람들도 많다. 물론 나도 멀쩡한 것 버릴 때는 아깝다. 죄책감 장난 아니다. 어딘가 이 통을 활용할 수 있을 것 같아서 잘 써보자 머리를 굴리지만, 비우지 않으면 답이 없다. 그냥 넘쳐나는 살림과 억지로 같이 살아야 한다. 그래서 그냥 버리기보다는 되도록 기부하고 주변사람들에게 나눈다.

비운 뒤에는 정말 뭐 하나를 사도 꼼꼼히 따져보고 산다. 1,000원짜리든 1만원짜리든 가격을 떠나, 소유할 때를 고민하고 정말 필요한지 내 맘에 쏙 드는지 생각한다. 지금 당장은 낭비 같지만 앞으로 살아갈 날이 길다고 봤을 때, 하나를 사더라도 고민하며 소중하게 다루는 법을 배우게 되니까 내 돈도 절약하고 자원도 절약하는 효과를 얻는 듯하다.

나도 인간이라 비우고 버릴 때 고민한다. 새로운 방법으로 저걸 써볼까 생각하고, 아직도 몇 개는 버리지 못한 채 보류 중이기도 하다. 그러면서도 나에게 계속 질문한다.

"지금 사용할 곳 없지?"

나중에도 사용할 곳 없다. 버리자!

"가슴 설레지도 않지?"

마음만 불편하니까 버리자.

"돈 아깝지?"

앞으로 이런 돈 낭비 안 하려면 지금 버려서 몸으로 확 느끼자!

"버릴 때 귀찮지?"

이런 번거로움 겪으면서 몸으로 느끼자! 공짜라고 막 받지 말자.

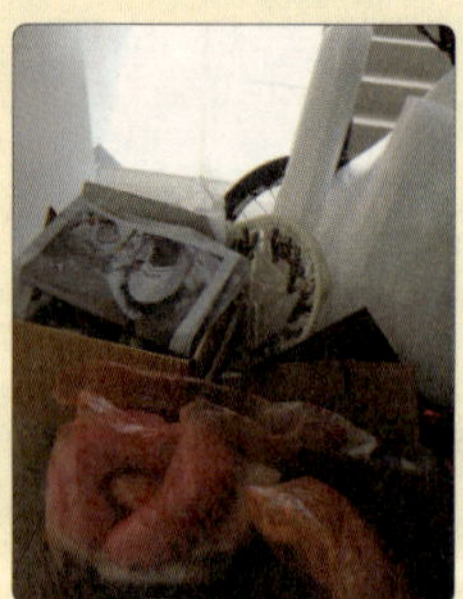

버리면서 드는 죄책감 때문에라도
마구 사들이지 않게 된다.

비우기의 적은
가족?

지금 나는 살림 비울 준비가 되었고 절약할 준비가 되었다. 그런데 가족들은 전혀 아니라면? 버리려고 내놓았는데 도로 주워오고, 외식 안 하려 하는데 가족들이 외식하자고 난리.

적은 멀리 있는 게 아니라 가까운 데 있다. 그렇다고 가족 탓하면서 심플 라이프 안된다고 좌절하면 스트레스만 받는다. 더 이상 앞으로 나아갈 수 없다면 다음과 같이 해보는 건 어떨까?

가족이 비우기를 방해할 때 행동수칙

* 가족이 없을 때 비운다. 신랑이 없을 때, 가족이 집을 비웠을 때 비운다. 애들도 와서

참견하니까 애들 물건은 애들 잘 때 버린다.

* 내 짐부터 비운다. 신랑 짐이 많아서 신경 쓰이고 거슬려도, 일단 내 짐이나 다 버리자고 생각하며 눈을 질끈 감는다.

내 짐 + 육아용품만 버려도 심플해진다

내 짐 다 비우기 전에 가족들 짐 비우라고 잔소리하면 싸움만 난다. 가족들이 내 변화에 거부감을 표시할 것이다.

우리 신랑은 잘 사지도 않지만 잘 버리지도 않는다. 다 추억이라며 끌어안고 있다가 나중에 박물관 하나 만들 것 같다. 붙박이장 한가득 신랑 짐이다. 운동, 취미, 추억 관련 물건들. 다 버리고 싶지만 또 다르게 생각해본다. '저 짐마저 버리면 이곳이 집일까? 우리 신랑 모텔 와서 자는 것도 아닌데. 그래, 뭔가 삶의 낙은 인정해주자' 하며 신경을 꺼버렸다.

그러니 내 것부터 비우자. 내 옷, 내 주방, 내 살림, 내 책 등. 내가 쓰는 것만 먼저 버려도 집은 슬림해진다. 게다가 대다수 남자들은 생각보다 짐이 별로 없다. 내 짐을 다 버렸다면 그다음에는 육아용품을 버리면 된다. 물론 엄마들은 육아용품 정리가 참 어렵다.

이렇게 열심히 버리고 줄이다 보면 신랑도 하나둘 허락해준다. 얼마 전 신랑이 오래된 만화책과 전자부품을 버려도 된다고 해서 지역 카페에 나눠줬다. 허락이 떨어지면 곧바로 치워야 한다.

심플라이프보다 중요한 건 가정의 평화다. 나는 천천히 기다렸다. 아무리 말로 백번 이야기해도 안 바뀐다. 내가 먼저 비우는 것을 보고 '좋아 보이네? 생각해야 덩달아 바뀐다. 더 이상 가족을 닦달하지 말자.

남편이 버리라고 허락해준 만화책과 기타

집밥의 적 또한 가족!

주부들에게 주말은 가장 큰 고비다. 나한테는 신랑의 휴가기간이 가장 큰 고비다. 밥만 차리면 힘은 안 든다. 하지만 애 보고, 밥 차리고, 살림하고…… 여자의 주말은 쉬는 게 아니다. 그러니 풀어지는 건 당연하다. 따라서 평일에 최대한 집밥 먹다가 주말 1회 외식 찬스 쓰는 것 정도는 괜찮다고 생각한다.

처음부터 외식 안 한다고 선포하면 가족들이 기겁할 수 있으니 나는 일단 조용히 물밑작업부터 시작했다. 우선 내가 밥을 할 의욕이 있어야 외식을 차단할 수 있으므로 주중에 주말 식단까지 짜버린다. 주중에는 복잡한 요리를 하고 주말에는 쉬운 요리로 구성해서 반복되지 않고 질리지 않게끔 준비해놓는다.

예를 들어 주말에는 생선 굽기, 국수나 토스트 등 쉬운 요리를 한 끼 끼워 넣고 국은 냉동해둔 것을 데운다. 그리고 카레, 짜장, 볶음밥 등 간단한 한

간단한 주말 식단

그릇밥을 배치한다.

내가 귀찮지 않아야 배달, 외식을 안 하게 된다. 무엇이든 나부터 시작이다. 어느덧 가족 모두 집밥에 길들여졌을 때 이렇게 말했다.

"여보, 나 이제 외식 안 할 거야."

그러니까 좀 수긍하더라. "자기는 밖에서 점심도 먹고 회식도 하니까 거기서 외식 욕구 풀어. 난 집밥 먹는 게 좋으니까." 그러자 신랑도 집밥이 좋다고 해서 이 문제는 패스!

친정엄마 공수품, 어떻게 줄일까?

아무리 비워놔도 냉동실과 냉장고를 꽉꽉 채워주시는 친정엄마 덕분에 식비는 아꼈지만 음식물쓰레기는 늘었다. 엄마는 손이 크시다. 음식뿐 아니라 육아용품, 생필품 등을 과하게 주시는 편이다. '조금만 주세요' 1년 넘게 말씀드렸다. 물론 바로 줄지 않는다. 하지만 시간이 흐르니 줄기 시작했다.

이제는 적당히 주서서 먹고 바로 비운다. 질리지 않고 아쉽게 먹으니 더 맛있다. 그리고 이제는 친정엄마께서도 주고 싶을 때 꼭 먼저 물어보신다. "이거 필요하니? 줄까?" 엄마 마음 다 안다. 하지만 천천히 필요한 만큼만 받는다.

내 주변사람들은 나와 달리 천천히 변한다. 변화된 내 모습을 보고서 자연스럽게 따라오기를 기다리는 수밖에 없다.

얼마 전 친정집에 들러서 비우기를 실천하다가 다 못하고 돌아왔다. 창고는 시간이 많이 걸려서 따로 날을 잡아야 한다. 그런데 엄마가 발동이 걸리셨나 보다. 열심히 버리고 있다는 소식. 드디어 비우기에 엄마를 동참시켰다. 큰 방 하나 꽉 차 있던 물건들을 탈탈 비워내셨다. 엄마 마음 움직이는 데 2년 걸렸지만 성공!

엄마 창고방 Before

After

트러블 없이 가족과 함께 심플라이프 만들기. 쉽지는 않다. 그래서 앞으로 할 일이 많겠지. 하지만 시간이 흐르면 적은 자연스럽게 동지가 되어 있을 것이다.

정리는 전염된다? 맞다. 나는 정리를 전염시켰다. 옆집에 정리 관련 책들을 줬더니 함께 정리하느라 난리다. 어젯밤에 계속 문 앞에 쓰레기 내놓으면서 딱 눈이 마주쳤다.

둘이 앉아서 뭐 버릴까 이야기도 하고, 버릴까 말까 고민되는 것도 말한다. 그럴 때면 상대방이 버려 버려 하면서 고민을 해결해준다. 재미있다. 옆집은 나보다 살림을 오래하셔서 그런지 버릴 물건이 더 많이 나온다. 현재 비우기의 적은 가족이고 아군은 옆집이다, 우하하하!

버리기 동지와 함께 정리하는 시간

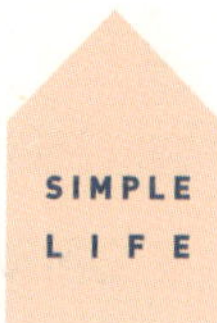

정리의 기본 1
| 일사천리로 중고물품 처분하기 |

속전속결! 우물쭈물하면 쌓인다

정리를 시작했다면 빠르게 처분해야 한다. 만약 우물쭈물하게 되면 '그냥 갖고 있을까?' 하는 마음이 생긴다. 그러기 전에 후다닥!

버릴 것들은 일단 현관 앞에 다 내놓는다. 나중에 종류별로 분류해서 재활용되는 것들은 곧바로 분리수거함에 갖다 나른다. 책은 알라딘 중고서점에 내놓고 옷, 신발 등 각종 중고용품은 중고나라에 넘긴다. 그 밖에 쓸 만한

버리기로 작정한 것들은 일단 현관 앞에 집합!

살림들은 박스째 기부하거나 주변에 나눠준다.

　정리의 기본 중 첫 번째 원칙은 망설일 틈 없이 빠르게 정리하고 처분하고 기부하는 것이다. 안 그러면 사람인지라 '그냥 둘까? 아깝네' 하는 생각이 든다. 아름다운가게가 있다면 간편하겠지만 내가 사는 곳은 지방이라 없다. 서울이나 대도시라면 아름다운가게에 옷, 가방, 책, 살림 등 쓸 만한 것들을 한 방에 기부하시길!

아름다운가게 www.beautifulstore.org

물건 처리법 1 | 이웃에게 처분

　친지, 옆집, 앞집, 아는 사람 등이 필요하다고 하면 그냥 준다. 가장 간단하다. 나는 이 방식으로 소파, 장롱 한 짝, 서랍장 등 큰 가구를 처분했다.

물건 처리법 2 | 의류

　1차 : 교회나 공공기관 재활용부에 기부해 재판매하도록 한다. (지역사회

환원)

2차 : 헌옷수거업자에게 판다. (동네 재활용센터, 온라인업체에 연락해
판매)

3차 : 재활용품 버리는 곳에 있는 헌옷수거함에 넣는다.

물건 처리법 3 | 책

1차 : 중고서점에 돈 받고 판다.

① 알라딘 오프라인 중고서점이 집 근처에 있다면 직접 가지고 가서 팔고
바로 현금을 받는다.

② 온라인 알라딘(www.aladdin.co.kr)에 접속해서 상단의 〈중고매장〉
메뉴를 클릭한 후 팔 책의 제목을 입력한다. → 정보가 일치하는 항목
을 선택한다. → 〈팔기 장바구니에 추가〉를 클릭하고 택배사를 신청
하면 택배기사가 집으로 받으러 온다. → 판매가 이루어진 후 대금이
입금된다.

알라딘 www.aladdin.co.kr → 중고매장

③ 전집류는 개똥이네(www.littlemom.co.kr)에서 〈내책팔기〉 메뉴를 클릭해서 판매한다.

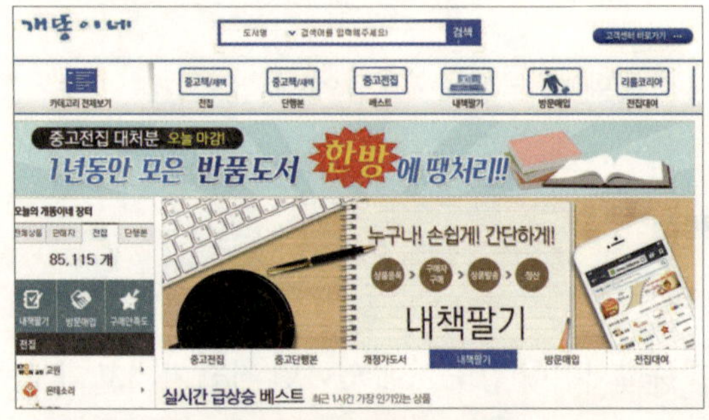

개똥이네 www.littlemom.co.kr → 내책팔기

2차 : 집 근처 도서관에 기부한다.

물건 처리법 4 | 각종 중고용품

1차 : 중고나라(cafe.naver.com/joonggonara)에서 시세를 보고 조금 저렴하게 또는 택배비 포함해서 판매한다. 조금 손해를 보더라도 빠르게 처분하는 게 포인트다.

2차 : 지역 소속 엄마들 카페에 판매한다.

3차 : 자신이 활동하는 온라인 카페에 올려서 필요한 사람에게 택배로 보내준다.

중고나라 cafe.naver.com/joonggonara   대전세종맘스베이비 cafe.naver.com/msbabys

물건 처리법 5 | 벼룩시장 참여

각 지역 벼룩시장 일정이 나오면 참여를 신청해서 육아용품과 살림살이 등을 판매한다.

① 구청 상설벼룩시장 : 구청, 시청에 문의

② 서울시 재활용 나눔장터 포털 : fleamarket.seoul.go.kr

서울시 재활용 나눔장터 fleamarket.seoul.go.kr

물건 처리법 6 | 가구

1차 : 밖에 내놓고 필요한 분 가져가라고 메모해놓는다.

2차 : 폐기수수료를 내고 딱지를 붙여서 밖에 내놓으면 주민센터에서 수
      거해간다.

3차 : 커서 직접 내놓을 수 없다면 집 근처 대형 가구 폐기업체에 연락한
      다. 집으로 와서 가져가는데, 일정한 폐기비용을 지불해야 한다.

물건 처리법 7 | 가전제품

정부 정책에 따라 '폐가전 수거 예약센터'에 연락해 무료로 배출할 수 있다.

① 전화 신청 : 1599-0903

② 홈페이지 신청 : www.15990903.or.kr

폐가전 수거 예약센터 www.15990903.or.kr

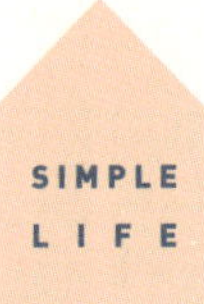

정리의 기본 2
| 자잘한 살림 줄이기 |

소지품이 간소해지면 외출 준비도 쉽다!

집 안 구석구석 자잘한 살림을 줄여야 복잡하지 않고 정리가 쉬워진다. 나는 얼마 전 다이어리를 슬림한 것으로 교체했다. 밖에서 일하는 사람도 아니니 두꺼운 건 필요 없잖아? 얇은 다이어리로도 충분하다.

두꺼운 다이어리는 짐만 된다.

어디 좀 나갈라치면 아이 짐까지 한가득. 그래서 내 짐부터 줄이기 시작했다. 요즘은 딱 이만큼만 가지고 다닌다. 얇은 다이어리, 지갑, 파우치 1개.

외출할 때 소지품은 작은 다이어리, 지갑, 파우치뿐이다.

파우치 속 내용물

투명 파우치는 친정엄마 집 정리하면서 찾은 것이다. 여기에 주부 필수품인 장바구니, 핸드크림, 거울, 립스틱, 립글로스와 자동차 열쇠, 2색볼펜을 넣었다. 투명하니까 내용물이 바로 보인다. 찾느라 헤매지 않아서 시간 낭비가 없고 동선이 간편해졌다. 딱 여기에 들어갈 것만 챙기니 가방 정리도 쉬워지고 옮기기도 편하다. 이것만 갖고 나가도 아무 문제 없다.

중요한 서류만 한곳에 모아놓자

그리고 잡다한 서류들. 살아가면서 웬 서류들이 이리 많은지. 각종 보험증서를 파일첩 하나에 모두 담았다. 두 아이, 신랑, 내 것까지. 그동안 보험증서를 파일별로 따로 보관했지만 이제는 한곳에 몰아야지. 신랑과 나의 자격증도 함께 보관했

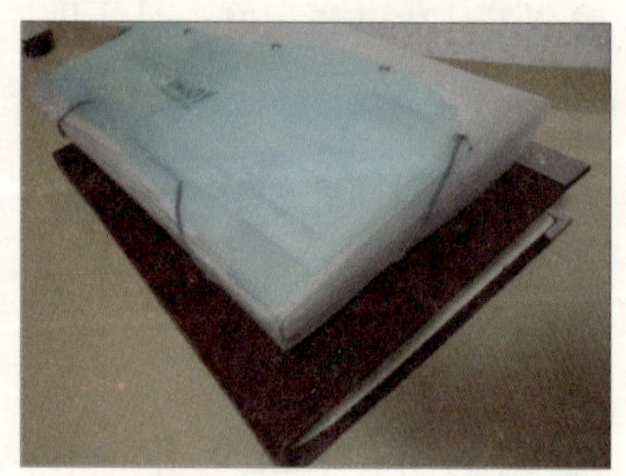
모든 중요 서류를 담은 파일철

다. 이 파일첩 하나에 중요 문서를 한꺼번에 담아 보관하면서 책장도 널널해졌다.

그리고 영수증과 남는 자투리 서류들은 아코디언파일첩에 정리했다. 아코디언파일첩, 이거 너무 편리하다. 아기수첩부터 몇 년간 보관해야 하는 서류들까지, 여기에 다 넣어놓았다. 이 파일첩만 정기적으로 비워내며 관리하면 된다. 서류는 여기만 신경 쓰면 되니까 속도 편하다.

자투리 서류와 영수증을 정리한 아코디언파일첩

자잘한 살림들을 줄여야 심플해진다. 나도 모르게 돌아다니는 물건이 더 이상 없도록 하자. 적은 가짓수, 부피가 작은 소지품, 이렇게 원칙을 정하면 정리하고 비우기 쉽다. 찾을 때마다 낭비되는 불필요한 시간이 줄어서 좋고, 찾기도 편해서 일석이조다.

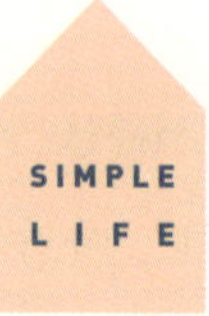

정리의 기본 3
| 보이는 곳에 쌓아두지 말 것 |

정리의 첫 도전! 비워두는 습관 들이기

정리의 첫 도전은 작은 것부터 습관을 들이는 것이다. 내가 주로 활동하는 곳은 거실 책장 위와 식탁 근처다. 최근 식탁에 짐이 하나둘 늘어다더니 뭔가 많아졌다. 정기적으로 비워야 해. 결심을 하자마자 본격적으로 실행에 옮겼다.

빈 공간이 생기면 무의식적으로 살림을 늘어놓고 집을 지저분하게 만들었다. 하지만 이곳 식탁만큼은 아무것도 없는 빈 공간을 유지하자. 그래서 다 치우고, 다시 또 무언가 올려놓으면 의식적으로 정리하고 치우면서 빈 공간에 익숙해져갔다. 사실 빈 공간에 뭔가 놓아야 한다는 마음을 없애기까지 참 오랜 시간이 걸렸다.

잡지나 인터넷 보면 다들 예쁜 수납용 나무상자에 보관하던데 나도 한번 사볼까? 아니야, 나는 수납용품 사는 데 돈을 쓰지 않기로 했으니까. 수납할 필요 없이 최대한 비우고, 그래도 수납이 필요하다면 집에 있는 걸 재활용해야지.

그래서 찾아낸 게 카메라가방이다. 버리려고 내놓았는데 수납함으로 쓰

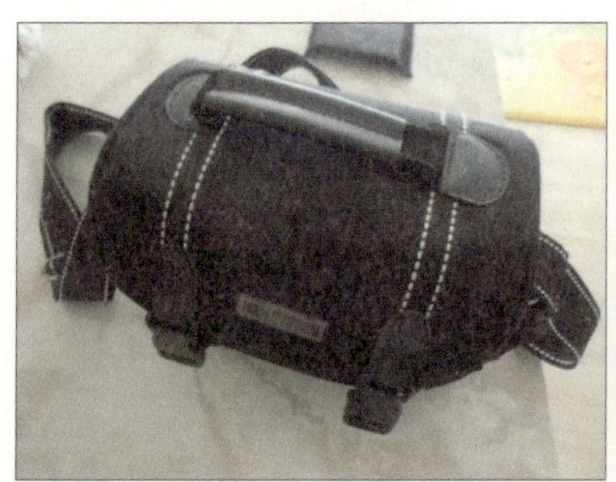
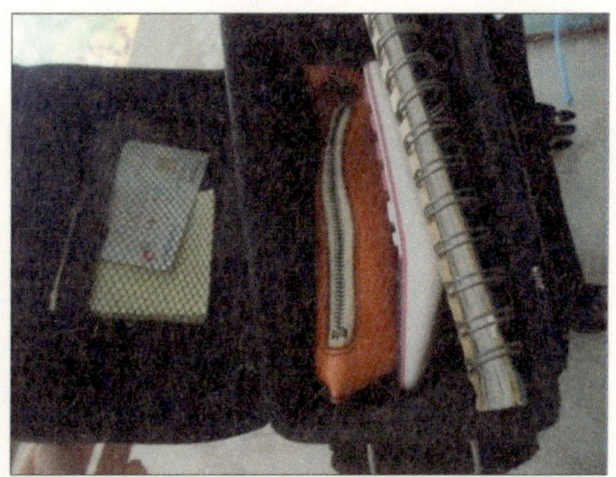

가계부 도구들을 넣는 수납함이 된 카메라가방

식탁 위 잡동사니를 모두 없앴다.

려고 도로 가져왔다. 이 카메라가방에 가계부 쓰는 도구들을 넣었다. 소비목록 적는 노트, 계산기, 필통까지 싹 들어간다. 식탁 근처가 깔끔해졌다.

좀비처럼 부활하는 잡동사니들

거실에 있는 책장 위에 또 무언가 쌓이기 시작했다. 비우고 버려도 다시 나타나는 잡동사니들. 또다시 비우자. 비우지 않으면 쌓인다. 휴지랑 아이들 로션은 책장 한 칸을 비워서 내려보내고, 휴지통은 아예 없애버렸다. 거실과 주방에 휴지통을 1개만 두고 사용 중인데 익숙해지니 문제없다. 식탁이든 책장이든 위에 물건을 쌓아두지 말자. 이것의 정리의 기본수칙 중 하나다.

슬금슬금 쌓이는 책장 위 잡동사니들, 정리하자!

정리의 기본 4
| 매일 청소하면 힘들게 대청소할 필요 없다 |

매번 외면하던 싱크대 배수구 청소, 습관이 잡히면 쉬워진다

요즘 확실히 드는 생각은 귀찮은 일도 습관을 들이면 된다는 것! 결혼 전 손에 물 한 번 묻힌 적이 없었던 나, 결혼하면서 하나둘 살림을 배우기 시작했다. 처음엔 오히려 신랑이 이것저것 알려줄 정도였다.

그나마 친정엄마 어깨 너머로 배운 건 멸치육수 내서 요리하는 것. 그것 하나 배워서 매번 진한 육수를 만들어 썼다. 육수만 만들어두면 참 편하다. 된장국, 찜, 떡볶이 등 만능으로 해결된다. 그런데 알고 보니 모든 집이 그렇게 하는 건 아니더라. 이것도 습관. 귀찮은 일이지만 습관이 되면 당연한 일이 된다.

내가 제일 못하는 일이 뭐냐면 바로 싱크대 배수구 청소다. 음식을 걸러 내서 털고 나면 대충 물로만 헹군다. 그래서 주변이 금방 거무튀튀하게 물 때와 음식 때가 낀다. 부끄럽게도 매번 외면했다. 그냥 방치. 그러다 큰 결심을 하고 배수구 청소에 도전했다.

"매일 1회

싱크대 배수구 음식물쓰레기 비우고,

배수구와 거름망 닦기"

지금 생각하면 참 별거 아닌데, 엄청 비장했다. 이런 경험이 쌓이고 하나 씩 습관이 들면서 차근차근 청소하니까 편해졌다. 어느덧 몰아서 대청소하 는 피곤함도 사라졌다.

한 번에 다 뒤엎으려 하지 말자. 스트레스가 된다. 그냥 내가 못하는 것 하나만 정해놓고 꾸준히 개선하자고 결심하는 게 중요하다. 물론 그 매일, 조금씩이 어렵긴 하다.

청소 체크리스트 ― 매일 / 격일 / 주 1회 / 월 1회

다음은 내가 매일 청소하고 살림하는 순서, 그리고 주 1회, 월 1회씩 비우 는 것들을 체크리스트로 만든 것이다. 물론 모두들 나처럼 할 필요는 없다. 그날 일정에 맞춰 조금씩 꾸준히 해나가자. 무리하지 않고 즐겁게 해나가 면 어느덧 습관이 된다.

✔ 청소 + 살림 체크리스트 — 매일

- ☐ 잡동사니 정리정돈하기
- ☐ 청소기 돌리기
- ☐ 청소기 필터 털기
- ☐ 싱크대 음식물쓰레기 비우고 배수구와 거름망 청소하기
- ☐ 이불 털기
- ☐ 생활비 지출내역 앱에 작성하기

✔ 청소 + 살림 체크리스트 — 격일

- ☐ 빨래하기
- ☐ 세탁기 거름망 털기
- ☐ 싱크대 청소하기
- ☐ 거실, 방 걸레질하기
- ☐ 현관 청소하기
- ☐ 음식물쓰레기 배출하기
- ☐ 전기레인지 / 가스레인지 청소하기
- ☐ 물 끓이기
- ☐ 육수 내기
- ☐ 식단 짜기
- ☐ 2일치 쌀 씻기
- ☐ 아이들 놀이방 정리하기

✔ 청소 + 살림 체크리스트 — 주 1회

- ☐ 화장실 청소하기
- ☐ 이불 빨래하기
- ☐ 싱크대 수납장 닦기
- ☐ 세탁실 바닥 청소하기
- ☐ 3만원 장보기
- ☐ 수기가계부 작성하기
- ☐ 구역별 비우기

✔ **청소 + 살림 체크리스트 — 월 1회**

☐ 러그 세탁하기   ☐ 빨래 삶기

☐ 창틀 청소하기   ☐ 식기 삶기

☐ 냉장고 청소하기   ☐ 가계부 월말 결산하기

☐ 세탁기 내부 세척하기

구역별 비우기 1
| 옷장 |

여자라면 누구나 옷 욕심이 많다. 결혼 전 일터, 집 모두 쇼핑가 근처라서 신상품이 나오면 가장 먼저 입어보고 살 수 있었다. 나만 갖는 한정판, 매일 바뀌는 옷, 혼자서 만족하면서 쇼핑중독이라고 할 만큼 옷과 신발을 수집했다. 일주일 입을 옷 코디를 쫙 펼쳐두고 혼자서 노는 게 즐거움이었다.

결혼 전 옷방은 옷으로 꽉꽉 차 있었다. 그리고 결혼할 때도 그 옷들을 전부 들고 신혼집으로 왔다. 다행히 전업주부가 되면서 외출이 줄어드니 옷 사는 횟수가 줄었지만, 그래도 한동안은 의류비가 무한지출을 달렸다. 그러다 비우기를 시작하면서 가장 눈에 띄는 부분이 바로 옷장이었다.

한 달에 한 번씩 50리터 쓰레기봉투 2개씩 비워낸 것 같다. 그러면서 대략 1년간 옷 사는 게 현저히 줄었다. 물론 인간인지라 한두 벌씩 필수품은 구입했지만 예전처럼 막 사들이지는 않았다. 붙박이장 두 짝, 장롱 한 짝, 압축팩 2개 꽉꽉 차서 넘치던 4계절 옷들. 끝없이 비워내고 사지 않은 결과, 장롱 한 짝에 내 옷을 모두 넣을 수 있게 되었다.

옷장만으로 부족해 차고 넘치는 옷들을 비우다.

옷장을 정리하다 보면 내 스타일을 알 수 있다

내 삶의 패턴과 내 옷의 스타일을 모른다면 뭘 버려야 할지 막막할 것이다. 내 스타일만 쏙쏙 모아놓은 심플한 옷장을 만들려면 어떻게 해야 할까? 무엇보다 나 자신을 잘 알아야 한다.

옷이나 패션의 경우 스타일과 센스는 타고나는 것 같다. 물론 배워서 잘할 수도 있겠지만 말이다. 선천적으로 옷에 관심이 많거나 스타일에 재능이 있는 사람이 아니라면, 그냥 지금 현재 입고 있는 옷이 그 사람의 스타일을 말해준다.

사람들과 함께 옷을 사러 다니다 보면 저마다 스타일이 다르다는 것을 알 수 있다. 내가 볼 때는 별로인데 그 사람은 예쁘다고 산다. 나는 예뻐서 환장하겠는데 친구는 '이걸 왜 사?' 하는 표정이다. 스타일 바꿔보겠다고 다른 옷 권해줘도 그 사람은 그 옷 절대 안 입는다. 이렇듯 자신만의 취향이 따로 있다.

매일 내 손에 잡히는 옷들만 빼놓고 보면 대략 내 스타일이 보인다. 나도 옷 버리고 추리면서 내 스타일을 확실히 알게 되었다.

내 스타일을 알면 불필요한 지출을 막을 수 있다

남들처럼 세련되게 어두운 색으로 옷을 구입해봤지만 나는 결국 안 입더라. 그래서 소신껏 내가 좋아하고 나한테 잘 받는 화려한 컬러로 그냥 밀어붙이기로 했다. 남들은 블랙, 회색, 카키로 시크한 옷장을 만든다면 나는 핑크, 자주, 진파랑 이런 종류로 내 옷장을 만들었다. 갈팡질팡하지 않고 마음을 굳히니 홀가분하다.

머릿속으로 예쁘겠다, 멋지겠다 생각하는 옷과 실제로 입었을 때 좋아하게 되는 옷은 다르다. 그래서 남들이 예쁘다고 하는 옷 말고 내가 매일 입는 옷 중에서 좋은 옷만 남겼다.

혹시 같은 옷이라도 너무 좋으면 그냥 그거 또 산다. 맘에 쏙 들지 않으면 결국 다른 옷을 입게 되기 때문이다. 그래서 나는 같은 치마, 카디건, 티셔츠를 색깔만 다르게 두 벌씩 갖고 있다. 옛날에는 여러 종류의 옷을 가져야 잘난 여자 같았지만, 이제 나에게 솔직해지면서 내 마음에 들고 입기 편한 옷으로 진짜 내 스타일을 찾아가고 있다. 이렇게 내 스타일을 알면 구입 후 마음에 안 들어 또 사들이는 불필요한 지출을 잡을 수 있어서 좋다.

옷정리는 계절이 바뀔 때 하는 게 가장 좋다

계절이 바뀔 때마다 옷을 정리하면 내가 그 계절에 입은 옷인지 안 입은 옷인지 딱 구분이 간다. 나는 직장맘이 아니라서 사실 옷장이 비어도 크게 불편함이 없다. 매일 출근하거나 대외활동이 많은 게 아니니까. 일하는 사람이었다면 나도 옷장을 비우기 어려웠을 것 같다. 특히 여자들에게 옷을 줄이고 가방을 버리라고 하면 다들 어려워한다.

그래서 일하는 사람에게 옷의 가짓수를 팍 줄이라고 하면 불가능한 것 아닐까 생각했는데, 꼭 그렇지만은 않은 것 같다. 상황에 따라서 차이는 나겠지만 과하게 많을 필요는 없지 않을까? 나 자신이 만족스럽고 당당해지는 옷만 남기면 더욱 자신감을 갖게 될 것이다. 스티브 잡스처럼 단벌신사로 지낼 수는 없더라도 최소한의 소유로 여유와 자유를 누리길 바란다.

여름 옷 정리하기

몇 차례 비웠지만 더 비우기 위해 계절별로 나누어 다 꺼내서 늘어놨다. 뭐든지 다 꺼내놓는 게 중요하다! 정말 많이 버린 뒤라서 이제는 그나마 바닥에 한 번에 깔린다. 여름 옷들부터 쫙 펼쳐놓고 여름내 나의 모습을 떠올려보며 버릴 것들을 체크해간다.

주부이고 아이를 키우다 보니 실내복이 많다. 하지만 외출할 때는 예쁘게 입고 나갈 옷이 필요하다. 가끔 경조사에도 가야 하니 비중을 고려해 두루두루 적절히 남기자.

여름 옷들 전부 늘어놓고 체크리스트에 따라 버릴 옷들 빼내기

나는 밝고 화려한 옷이 잘 받는다. 카키색, 하늘색 이런 컬러는 아웃! 목이 짧은 편이라 셔츠는 안 어울린다. 이렇게 나에게 어울리는 옷만 남기고 정리해간다.

한바탕 눈에 거슬리는 것들을 빼낸 뒤, 내가 가진 옷들을 서로 코디해봤다. 하의 하나에 상의 여러 벌이 매칭되는지 살펴보고 맞춰 입을 옷이 없는

상의와 하의를 코디해보고 서로 잘 어울리는 것들만 남긴다.

단벌들은 과감히 버린다. 이런 옷을 남겨두면 결국은 안 입고 옷장에 처박힌다. 아니면 이 옷에 어울리는 것을 찾기 위해 또 막 사들일 수도 있다.

이렇게 여름 옷 가짓수가 줄어드니 입고 나갈 때 너무 편하다. 고민하지 않아도 바지 하나에 딱딱딱! 한철 그렇게 보내보니까 옷가지 많아봤자 후줄근해지고 머리만 아프다는 사실을 절감! 그래, 딱 예쁜 옷 몇 벌만 남기자!

내가 남긴 여름 옷

* 실내복 10벌

* 상의 10벌

* 원피스 5벌

* 하의 5벌

3계절 옷 비우기

이번엔 봄, 가을, 겨울에 두루 입는 긴팔 옷들을 다 꺼내놓고 정리할 차례. 예전에 많이 비워서 생각보다 버릴 게 없다. 그래도 안 입는 옷은 또 비워보자! 예쁘긴 하지만 내 얼굴에 안 받는 옷, 체형에 안 어울리는 옷, 손이 안 가는 옷은 과감히 뺐다.

긴팔 옷들도 전부 늘어놓고 체크리스트에 따라 버릴 옷들 빼내기

그리고 3계절용 바지, 치마, 원피스 다 모았다. 전업주부니 실내복은 넉넉히 남기고 안 입는 옷들은 과감히 버리자, 버려!

이제 남은 건 엄청난 분량의 옷걸이들. 재활용으로 버렸다. 이제 세탁소에 맡긴 옷을 찾을 때도 옷걸이는 빼고 달라고 한다.

3계절용 치마, 바지 몽땅 정리!

엄청난 분량의 옷걸이들만 남았다.

내가 남긴 3계절 옷

* 상의 13벌

* 아우터, 카디건 10벌

* 바지, 레깅스 11벌

* 치마 3벌

* 원피스 3벌

* 실내복 5벌

4계절 옷을 한곳에 넣고 나니까 너무 좋다. 계절 바뀔 때마다 옷이 없는 줄 알고 비슷한 옷 또 사는 실수를 하지 않게 되어서 다행이다. 내 옷은 여기 장롱 한 짝만 채우기로 했으니 공간의 제약이 생겨서 미구잡이로 늘리지 않게 된다. 이렇게 하면 충동구매를 통제하는 효과도 크다.

4계절 옷이 이게 전부다.

웃는 얼굴이 옷발 살리는 비결!

정리하고 남은 옷은 나눠주고, 기부하고, 버렸다. 절약해서 옷을 사 입는
다는 것은 후줄근한 싸구려 옷을 사 입으란 소리는 아닐 것이다. 한 벌을 사
도 가슴 설레는 것을 사고, 여러 옷과 코디해서 입을 수 있는 것으로 고른
다. 장롱을 열었을 때 기분 좋게 만드는 옷, 나갈 때 시간낭비하지 않고 머
리 복잡하지 않게 해주는 옷, 내 얼굴과 몸에 어울리는 옷. 이렇게 몇 벌만
있어도 충분히 예쁘다.

무엇보다 웃는 얼굴이 중요하다. 자신감 있는 표정이 '옷발' 살리는 비결
이겠지? 내가 딱 맘에 드는 옷이 아니면 옷 자체가 아무리 예쁘고 비싸도 얼
굴의 기가 죽더라. 결국은 나 자신에게 가장 잘 어울리는 옷을 찾아야 한다.
그래서 매번 그 옷만 입더라도 자신감이 생기고 기분이 좋아져야 한다. 그
러면 자연스럽게 나만의 옷발이 살아난다.

조금은 단호하게! 옷 사지 않는 습관 들이기

1년, 혹은 3개월, 일정기간 사지 않는 훈련!

내 삶을 있는 그대로 오롯이 보려면 여러 가지를 의도적으로 차단해야 한다. 특히 옷을 사지 않는 습관을 들이기 위해서는 일정기간 목표를 정하고 훈련하는 시간이 필요하다.

아무리 버려도 계속 사들이면 소용이 없으니까 나는 '1년간 옷 사지 않기'를 타이틀로 내걸고 비워나갔다. 이를 위해 구체적으로 홈쇼핑 채널이나 광고, 패션 TV 등을 안 보기로 작정했고, 쇼핑타운 근처는 절대 돌아다니지 않겠다는 다짐을 했다.

그런데 결혼 후 어쩔 수 없이 쇼핑센터에 못 가는 곳에 살게 되었고, TV도 안 보다 보니 광고 노출이 줄어서 자연스레 안 사게 되었다. 확실히 TV를 보면 뭔가 막 사고 싶어진다. 광고며 연예인들 하고 나오는 거며, 보다 보면 사람을 혹하게 만든다.

그리고 최근엔 휴대폰에 있던 쇼핑앱도 싹 없앴다. 한번 들어가면 뭔가 사고 있으니 아예 차단한 것이다. 이렇게 소비습관을 의도적으로 제어해보니 자연스레 나 자신을 제대로 보게 되었다.

쇼핑앱을 지우면 소비가 줄어든다.

✓ 옷 사지 않는 습관 체크리스트

☐ **나만의 소비제한 목표를 정한다.**

    (예 : 한 달간 옷 사지 않기, 3개월간 옷 사지 않기)

☐ **구체적인 행동지침을 적어본다.**

    (예 : 홈쇼핑 채널을 없앤다, 쇼핑앱을 없앤다)

구역별 비우기 2
| 화장대를 없애다 |

아무리 자잘한 잡동사니 짐들을 몇 박스씩 버려도 집은 여전히 복잡하고 지저분하다. 역시 가구를 비워야 하나? 우리 집엔 워낙 가구가 없는데 도대체 뭘 어찌한단 말인가? 그러다 다시 생각이 번뜩였다.

"화장대를 없애자!"

그래, 나는 원래 화장을 진하게 안 하잖아. 그냥 기초와 영양관리만 중점적으로 하는데 굳이 화장대가 필요할까? 이사 갈 때 화장대 없이 가면 얼마나 상쾌할까?

원래 침실에 작은 화장대가 있었다. 미니서랍 2개뿐이라서 별로 수납은 안되었다. 어쨌든 일단 화장대를 지역 카페에 넘겼다. 없애버리면 어떻게

든 되겠지.

그리고 내 맘에 쏙 드는 제품으로 미니경대를 찾았다. 타협하지 않고 정말 폭풍검색을 했다. 어떤 경대는 금방 망가질 것 같고, 어떤 건 너무 크고, 또 어떤 건 너무 싸구려 같았다. 어떤 건 나무 색이 맘에 안 들고. 내가 원하는 건 손잡이 있는 미니화장대인데. 나무 재질에 거울도 달려 있어야 한다는 엄청난 조건을 걸고 찾다가 드디어 중고품점에서 찾았다. 새 것을 갖고 싶었지만 아무리 찾아도 없었다. 내 맘에 드는 건 이 고가구뿐.

없애버린 화장대

화장대 대신 마련한 경대

화장대도 역시 다 꺼내서 정리하는 게 최고다. 가지고 있는 미용용품을 다 꺼냈다. 화장품과 도구들까지 전부. 그리고 버리기 시작했다. 나는 색조화장은 안 하고 기초화장에 중점을 두니까 관련 화장품만 남기고, 가슴 설레는 립스틱, 핀, 밴드 정도가 있기를 원했다.

처분할 화장품들

화장대에서 버린 것

* 나한테 안 어울리는 립스틱, 색조화장품

* 낡은 눈썹집게

* 개봉한 지 오래된 화장품 (스킨, 로션, 마스카라 등)

* 새 것이지만 유통기한이 지난 것

* 쌓아놓고 언제 쓸지 모르는 것들 (3개, 4개 이상인 것들)

* 안 예쁜 매니큐어 (설레지 않는 컬러)

* 내 피부에 안 맞는 화장품인데 비싼 거라 아까워서 보관하던 것

* 손톱깎이 3개 (1개만 남김)

* 사용 안 하는 촌스러운 액세서리들 (핀, 귀걸이, 목걸이, 헤어밴드 등)

* 낡고 고장난 시계 10개

* 쓰지 않고 오래된 화장품 샘플들

* 낡은 빗

경대에 남긴 미용용품

* 스킨, 로션, 썬크림, 영양크림, CC크림, 풋크림 1개씩

* 손수건 2장

* 화장솜 소량

* 립스틱 2개

* 손톱깎이 1개 (아기용은 아이들 서랍에)

* 치실, 향수 1개씩

* 파우더팩트 1개

* 머리핀, 머리끈, 머리띠 3개씩

* 시계 4개

* 머리빗 1개

* 폐물 외에 반지 1개, 귀걸이 3개, 목걸이 2개

미니경대에 수납할 수 있는 분량은 딱 이만큼이다. 이제 이것보다 많으면 자연스럽게 비우는 수밖에 없다. 이사 갈 때도 바리바리 짐 챙길 필요 없이 경대 하나 들고 가서 내려놓으면 정리 끝!

화장품 샘플은 여행 갈 때만 쓰니까 여행가방에 화장품 샘플 몇 개, 미니칫솔, 미니헤어젤, 아이 둘 칫솔, 치약 딱 이렇게만 넣어두었다. 그래서 여행 갈 때는 자잘한 용품 챙길 필요 없이 이 가방 하나만 들고 바로 출발한다. 홀가분한 삶이란 이런 것!

마음에 쏙 든 미니경대에 수납한 모습.
뚜껑을 열면 거울이 달려 있다.

미용용품을 모두 넣은 경대와 언제라도
들고 나갈 수 있게 꾸려둔 간편 여행가방

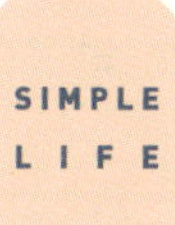

구역별 비우기 3
| 장롱 + 붙박이장 |

어느 날 문득 장롱을 없애고 싶어졌다. 옷을 줄였으니 이불만 줄이면 장롱 세 짝 중 한 짝을 없애는 것이 가능하리라. 안방 붙박이장 두 짝과 장롱 세 짝 속 짐을 다 끄집어냈다. 이불 중 설레지 않거나 낡은 것, 친정에서 급하게 가져온 것들을 모두 덜어냈다. 또 옷걸이만 잔뜩 남기게끔 하고 안 입는 신랑 옷도 비웠다.

이불 전부 끄집어내기!

붙박이장을 가득 채우고 있던 가방들도 버렸다. 가방 비우는 것이 옷보다 더 힘들었다. 비싸지만 마음에 안 들어서 항상 그 자리만 지키는 가방은 지인에게 선물했고, 내가 자주 사용하고 설레는 것들만 남겼다.

친정에 도로 돌려줄 것, 쓰레기봉투에 담아 버릴 것, 기부할 것들이 한쪽 벽에 차곡차곡 쌓였다. 누우면 목이 아픈 베개, 아깝다고 쟁여놨는데 버렸다. 버리면서 또 깨닫는다. 그냥 싸다고 타협해서 사지 말 것!

이제 남은 것은 이불이 담겨져 있던 압축팩과 이제는 필요 없어진 수납도구다. 이것도 친정에서 들고 온 건데 도로 반납하기로 했다. 이렇게 장롱 한 짝을 비웠다. 이 장롱은 아파트의 이웃이 필요하다고 가져갔다.

가방은 이것만 남기고 정리

버리는 장롱 짐들

내용물이 사라진 수납도구들도 처분

이웃에게 재활용한 장롱 한 짝

　남은 장롱 한 짝에 내 가
방, 옷, 미니경대까지 수납
했다. 가방은 큰 가방 안에
작은 가방을 넣는 방식으로
공간을 최대한 활용했다. 그
리고 붙박이장에 가득하던
옷과 가방 등을 비워내서 생
긴 빈 공간에 신랑 옷과 가
방을 걸었다. 한눈에 볼 수

내 물건 한 짝

신랑 옷 한 짝

있으니 코디하느라 꾸미는 시간이 단축되고 홀가분해졌다!

　이렇게 해서 장롱 세 짝이던 집이 두 짝으로 줄었다. 아이들과 함께 방바
닥에서 자는데, 이젠 마음대로 굴러다닌다. 기분이 참 좋다. 언젠가 저 두
짝도 버릴 수 있을 만큼 비워낼 때를 기다린다.

안방 장롱 Before

After

구역별 비우기 4
| 주방 + 찬장 |

전업주부의 놀이터는 주방이다. 그만큼 가슴 설레게 하는 것도 많고 자잘한 도구도 많아서 비워도 끝이 없는 곳 중 하나다. 옷을 사랑하던 여자가 장롱을 비웠으니 주방도 비울 수 있을 테지. 그래, 할 수 있다!

찬장과 서랍들 정리하기

주방도 역시 다 꺼내서 처리하는 게 최

주방 찬장 속의 것들을 전부 꺼내놓는다.

고다. 둘째 낮잠 잘 때 조금 정리해두고, 놀
이시간에 버리는 살림 가지고 놀게 하고
후다닥 치우면 된다. 다 꺼내놓으니 정말
많아 보인다. 이렇게 눈으로 '정말 많구나!'
를 확 느껴야 버리고 비우게 된다.

서랍 속도 다 꺼낸다.

　잠시만 정신 놓으면 뭔가 많아지는 주
방. 낡고 오래된 플라스틱통을 버리고, 언젠가 쓰겠지 하던 도구들도 비웠
다. 오래된 영양제, 쓰지 않는 유리병도 모두 아웃. 하지만 놀라운 것은 이
런 식으로 한 달에 한 번씩 버리는데도 계속 나온다는 것.

　처음 살림 시작할 때는 요리책에서 소개한 도구들이 다 있어야 하는 줄
알고 다 샀다. 하지만 실생활에서는 필요 없었다. 나는 전문 요리사도 아니
고, 결국 내가 편하게 사용하는 조리도구 몇 개만 쓰더라. 제빵기, 와플기,
튀김기도 자리만 차지할 뿐 가끔 사용하니 모든 것들을 구비할 필요가 없었
다. 전기주전자도 없앴다. 그냥 냄비에 그때그때 끓여 먹으면 되더라. 보관
하는 공간과 구입비용, 처리비용까지 생각하면 나에겐 그냥 짐일 뿐이다.

알 수 없게 자꾸 쌓이는 자잘한 부엌 짐들

냄비와 프라이팬도 낡은 것, 잘 사용하지 않는 것들은 과감히 버렸다! 전기레인지를 쓰는 집이라 뚝배기 요리가 힘든 편인데 뚜껑도 없겠다 이참에 버렸다. 그리고 요리할 때 주로 사용하는 것만 남겼다. 버린 것들이 너무 많아서 기억도 안 난다. 아쉽지도 않고 아깝지도 않으며 지금까지 생각도 안 나는 걸 보면 정말 없어도 되는 많은 살림과 함께 살았다.

주방에서 비운 것

* 오래된 플라스틱 반찬통 (플라스틱은 몸에 안 좋다)

* 코팅이 벗겨진 프라이팬 3개 (역시 코팅 벗겨진 것은 몸에 안 좋다)

* 전골냄비 1개, 뚝배기 1개, 편수냄비 1개 (낡아서)

* 입구를 닦기 힘든 큰 주전자, 전기주전자

* 소량씩 요리하면서 필요 없어진 엄청난 반찬통들

* 다기세트 (한 번도 안 쓰더라)

* 잘 안 쓰는 조리도구들 (밀대, 뒤집개, 실리콘주걱 등)

* 각종 유리병

* 튀김기 (냄비에 소량씩 해먹는 게 훨씬 편하다)

* 타이머 (휴대폰 시계면 충분)

* 여러 종류의 믹서기, 채칼 (미니믹서 1개, 채칼 1개 남김)

* 쌀통 (쌀은 김치통에 보관한다)

* 낡은 컵, 그릇, 가슴 설레지 않는 식기들

* 전시만 하던 답례품과 기념품 그릇, 컵

* 남는 물병 (가족수대로 1개씩만 남김)

* 넘쳐나는 양푼, 볼 (채반 1개, 볼 3개 남김)

* 수납용기 (살림을 버리니 수납을 할 필요가 줄었다)

내가 남긴 주방기기

* 프라이팬 18cm, 28cm 1개씩

* 전골냄비 1개

* 궁중팬 1개

* 양수냄비 1개

* 편수냄비 2개

* 육수용 큰 냄비 1개

* 미니압력솥 1개 (전기압력솥 아웃)

싱크대 상부장 Before

After

주방 정리는 항목별로 모으는 게 핵심!

비울 만큼 비우고 나면 '항목별로 같은 곳에 모으기'를 한다. 여기저기 흩어진 것들을 모아서 정리하니 확실히 찾기도 쉽다. 물건이 줄어드는 것도 보기 좋고. 구급약, 비타민 등 흩어져 있던 약들도 한곳에 모았다. 실온보관하는 식재료도 여기저기 흩어져 있었는데 이번에 다 모았다. 식재료들이 한번에 눈에 쏙 들어와서 또 사지 않고 요리할 수 있게 되었다.

핵심 냄비와 프라이팬만 남았다.

종류별로 한곳에 수납!

지금까지 정리한 것을 요약하면 다음과 같다.

✔ **주방살림 정리 체크리스트**

☐ 무조건 다 꺼낸다.

☐ 버릴 것, 쓸 것을 추려낸다.

☐ 주방살림을 항목별로 모아서 정리한다.
　　(약, 실온보관 식재료, 냉장 · 냉동 식재료, 가족들 식기, 컵, 반찬통, 조리도구 등)

되도록 밖으로 내놓지 않고 깔끔하게 서랍에 넣을 수 있도록 일단 서랍도 비웠다. 아이들 식기류는 여기저기 흩어져 있었는데 한곳에 몰았다. 역시 몰아놓아야 한눈에 보이고 물건을 더 사지 않고 바로 사용할 수 있는 것 같다.

주방 정리 후에 드는 생각, 이 대신 잇몸!

우리 집은 물을 끓여 먹는다. 주전자? 없어도 된다. 그냥 냄비에 이틀에 한 번씩 물을 끓여서 신선하게 먹고 있다. 주방도구는 정말 다양하다. 하지만 꼭 용도에 맞는 것을 살 필요가 있을까? 이 대신 잇몸이다.

냄비에 물 끓여도 맛만 있다. 주전자 대신 냄비!

대체해서 써도 된다. 없어도 다 잘 살게 되어 있다.

비워도 넘치는 자원들. 이렇게 정리하고 비워내다 보면 역시 사지 않고, 집에 들이지 않고, 받지 말아야겠다는 생각이 확고해진다. 없어도 잘 살아갈 수 있는데 나는 아직도 욕심을 못 버렸나? 망설이다 넣어놓은 것들이 몇 개 있다. 집정리는 한 번에 끝나지 않는다. 비우고 비워도 우리는 너무 많은 물건들 속에서 허덕이며 살아간다. 그래서 정기적으로 비움의 시간을 가져야 한다.

싱크대 하부장 정리하기

하루 날 잡아서 싱크대 하부장을 정리했다. 여기저기 흩어진 비닐봉투를 물티슈통에 차곡차곡 담아서 한 장씩 뽑아 쓰도록 만들었다. 우리 집 비닐은 딱 여기까지만 보관하기로.

물티슈통을 비닐봉투 보관함으로 재활용

낡은 수세미와 넘치도록 많은 수세미들은 처분했다. 행주도 너무 많아서 나눠주고 소량만 남겼다. 청소할 때 사용하는 베이킹소다, 구연산, 밀가루는 남겨놓고 과하게 많은 것들은 비웠다.

빈 공간에는 거실 미니책장에 있던 요리책을 옮겨와 넣었다. 꼭 책장에 있을 필요가 없었는데. 내가 이용하기 편리한 동선에 놓고 나니까 요리하면서 바로 꺼내보고 넣어둘 수 있어서 편리해졌다. 무엇보다 싱크대 문을 닫아놓으면 깔끔해서 좋다.

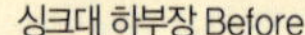
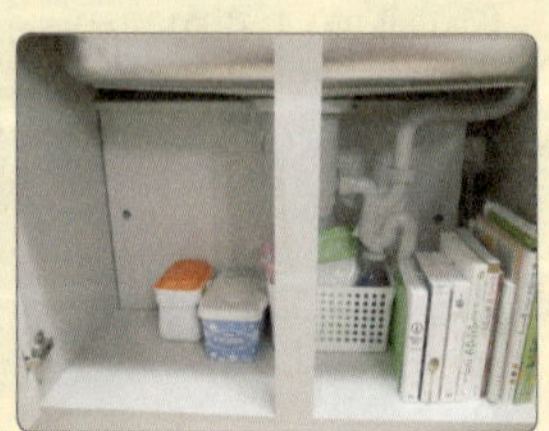

싱크대 하부장 Before After

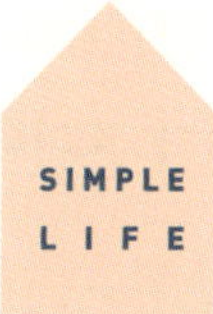

구역별 비우기 5
| 거실 책장 + 소파 |

소파가 필수품? No! 나에겐 없어도 되는 물건

무릎 건강을 위해서는 소파, 식탁, 침대 생활이 좋다. 그래서 나는 침대도 식탁도 안 버리고 잘 사용하고 있다. 하지만 소파는 잘 사용 안 하는데……. 어떻게 할까 고민하다 버렸다!

나는 주로 식탁 의자에 앉아서 차도 마시고 밥도 먹고 쉬고 그런다. 우리 집 거실에는 TV가 없으니 소파에 앉아서 TV 볼 일도 없다. 손님 오실 때도 관찰해보니 소파에 가방이나 옷을 놔두고 바닥에 앉더라.

제 역할을 못하고 방치되는 가구. 당연히 있어야 하는 줄 알고 사들인 물건들. 생각을 바꾸면 없어도 되는 경우가 많다. 마음속에서 버릴까 말까 생각하는 물건은 결국 필요 없어진다. 이거 없어도 나는 잘만 산다.

소파를 버렸더니 거실은 운동장처럼 아이들이 신나게 뛰는 공간이 되었다. 마음도 상쾌하고 날아갈 듯하다. 소파를 버린 후 아이들과 나는 거실에서 운동도 하고 굴러다닌다.

소파를 버리고 더욱 넓어진 거실

거실 책장 비우기

옷, 주방, 장난감까지 열심히 과감히 버리고 있는데 정작 포기 못하는 건 아이들 책, 바로 전집이 꽂혀진 구역이다. 한 달에 전집 한 질씩 늘려주면 좋다는 내용의 육아 책을 읽고서 자극을 받았다. 그랬더니 어느 순간 책이 눈덩이처럼 불어났다. 하지만 지나고 보니 다 엄마 욕심이었다.

물론 우리 아이들은 책을 사랑하고 좋아한다. 하지만 과연 책을 늘리는 게 아이를 위한 일일까? 막상 전집이 새로 들어오니 오히려 엄마인 내가 스트레스와 압박을 받기 시작했다. '저걸 다 읽어줘야 하는데……' 이러면서 부담감만 커졌다.

전집 한 질만 달랑 있을 때는 아이가 책 내용을 외울 정도로 반복해서 보고 즐거워했다. 그렇게 읽다 보니 어느 순간 책 전체를 외워버렸다. 놀이터에 가서도 책 이야기를 하면서 상상놀이를 했다.

그런데 어느 순간 엄마 욕심으로 전집이 쌓이기 시작하자 책을 여러 번 읽고 통으로 외우며 자연스럽게 이어지던 책 상상놀이가 줄어들었다. 게다가 별 생각 없이 사들인 전집은 그림 수준이 높지 않았다. 사정이 이렇다 보니 1차로 읽어주는 엄마가 재미가 없고 2차로 아이들도 책 읽는 재미를 잃어갔다.

전집 홍수에 휩싸이면 생기는 일

* 엄마가 정신이 없어진다. 중고책이라도 책값의 본전을 뽑자는 생각에 책 읽기가 짐이 된다.
* 아이도 정신이 없어진다. 이 책 저 책 정신없이 골라오고 마음만 분주해진다. 게다가 깊이 있게 책 읽는 게 어려워진다.

"아이는 즐거운 시나 언어, 문장 등을 통째로 기억하는 일이 많습니다. 그것이 언젠가 그 아이가 언어의 의미를 획득했을 때 가장 강하게 아이의 것이 되겠지요. 그러니 되풀이해서 읽어주십시오."

— 마쓰이 다다시의 《어린이와 그림책》 중에서

엄마의 배려? 욕심? 전집 정리하기

　분명히 나는 아이가 어릴 때는 충분히 놀고 즐기기를 바랐고, 모든 것을 잘하는 사람은 없으니 공부 욕심 내지 않기로 했는데, 한편으로는 독서의 모든 영역을 채워주지 않으면 뒤떨어지는 것은 아닌지 조바심을 갖고 있었나 보다.

　전집을 하나둘 정리하면서 처음에는 '아깝다, 이거 그래도 언젠가는 보겠지, 있으면 다 보는 거야'란 생각도 들었지만, 아이가 책들 중에서도 일정한 책만 반복해서 보고 즐기는 모습을 보고는 수많은 책을 구비하는 것이 아이를 위한 일이 아님을 알았다.

　거실에 있는 책을 정리하다 보니 중복되는 분야의 전집도 많았고, 책장에 꽂아놓았지만 손이 안 가는 책들도 많았다. 엄마인 나도 안 읽게 되는 책들. 그렇게 한 질, 두 질 빼다 보니 책장 하나가 통째로 비워졌다.

　선택할 게 많다고 좋은 게 아니다. 오히려 집중하기 힘들다. 내 옷장이 심플해지고 가슴 설레는 옷만 입을 때 기분이 좋듯이 아이도 많은 책들 속에 있을 때보다 설레는 책들, 엄마와 추억이 가득한 책들, 온 정신을 쏟아서 이미 익숙해지고 편안해진 책들 사이에 있을 때 더 행복하다는 것을 알게 되었다.

　비움은 나에게만 필요한 것이 아니었다. 엄마의 배려와 욕심으로 채운 것들을 가지치기하기

비워낸 책장

위해 무분별하게 전집을 구입하는 행위를 멈추었다. 그렇다고 전집이 모두 나쁘다는 얘기는 아니다. 다만 천천히 신중하게 고른 전집, 단행본이 아이에게 더 좋다는 말이다. 한때 정신없이 세일가로 구입하거나 공짜라고 받은 그림책들은 이렇게 처분하게 되었다.

버릴 책들

✔ **아이 책 비우기 체크리스트**

□ **아이가 좋아하지 않는 책 순위로 비운다.**
　(수학, 과학, 생활, 언어 등 출판사에서 정한 모든 영역의 책이 없어도 문제없다)

□ **정성 들여 그린 삽화, 그림책 위주로 남긴다.**

□ **아이가 손도 안 대는 책**

□ **엄마도 손도 안 대는 책**

□ **발행년도가 너무 오래된 과학 전집**
　(실사 사진이 현재와 맞지 않는 경우가 많다)

□ **겹치는 영역**
　(명작, 과학책 등)

□ **읽기 어려울 정도로 훼손된 책**

책을 처분하는 과정에서 또 많은 것을 깨달았다. '나만 호구였나' 하는 생각. 나는 중고전집을 살 때 흥정할 생각은 한 번도 하지 않은 채 덥석 구입했다. 하지만 내가 내놓은 중고전집을 사려는 사람들은 달랐다. 더 저렴한 가격을 요구했고 깎아달라며 협상을 했다.

돈을 안 쓰는 게 버는 것이란 말, 맞다! 책을 살 때는 중고라 해도 어느 정도 값을 치르고 구입하지만 팔 때는 살 때보다 헐값에 내놓는다. 이 과정을 겪으면서 아무리 중고라도 충동구매는 절대 하지 말자고 다짐했다. 지금도 우리 집에 아이들 책은 충분히 많지 않은가?

어떤 분은 책육아를 하려면 아이들에게 무조건 많은 책을 접하게 해야 한다고 말한다. 하지만 내가 생각하는 책육아는 조금 다르다. 많은 책이 아니라 질 좋은 책을 적당히 제공하는 것이 더 중요하다. 아이가 충분히 여러 번 읽었다고 생각할 때 한 권씩 스며들듯 채워주는 게 좋다. 잠시 내 중심을 잊고 있었는데 다시 나의 자리를 찾았다. 이렇듯 비우기는 많은 깨달음을 준다.

그리고 이참에 내 책도 비웠다. 책을 좋아해서 결혼할 때 책장 하나를 싸 들고 왔는데, 꾸준히 비워내고 이제는 책장 한 칸만 남겼다. 꼭 다시 볼 책만 남기고 볼까 말까 하는 책은 대부분 도서관에 기부했다.

구역별 비우기 6
| 아이방 + 장난감 |

아이들이 어려도 심플한 삶은 가능하다

아이가 다 자란 집의 심플한 살림을 보면서 아, 나도 이렇게 살고 싶다 생각했다. 그런데 사람들이 애들 어릴 때는 그냥 포기하라고 한다. 그래……포기할까? 에잇, 그래도 나는 비워봐야지!

자라는 아이의 짐은 수시로 변한다. 옷, 장난감, 책 등 단계별로 다양하다. 심플한 환경을 조성하려면 성장할 때마다 바로 비우고 장난감은 최소로 하되, 오랫동안 질리지 않고 놀 수 있는 것들로 줘야 한다. 책도 장난감도 공간에 제한을 두면서 비우는 공식을 지킨다면 어린아이들이 있는 집도 심플할 수 있지 않을까?

아이들은 자연이랑 노는 게 가장 좋지만 집에서도 놀아야 하기에 장난감을 아예 없앨 수는 없다. 다만 최소한의 장난감으로 최대의 효과를 얻고 싶어서 나름대로 장난감과 육아용품에 대한 기준을 세우고 비워나갔다. 다음은 내가 아이 놀잇감, 장난감을 선택하는 기준이다.

아이 놀잇감 선택하는 기준

* 되도록 장난감보다는 살림살이를 가지고 놀게 한다.

* 나무 소재의 장난감을 준다. 나무가 플라스틱보다 따뜻하다. 플라스틱으로 잘 만든 당근은 그냥 계속 당근이지만 나무로 만든 당근은 아이의 상상 속에서 이름 붙이기에 따라 다양하게 변한다.

* 완성품보다 직접 만들어서 놀 수 있는 놀잇감. 완성된 장난감보다 블록으로 아이가 직접 만들 수 있는 로봇이나 자동차가 더 좋다.

* 예술 영역의 놀잇감. 엄마가 만든 마라카스, 분유통으로 만든 북 등. 같이 춤추고 노래하고, 색종이나 색연필을 활용해서 만든다.

* 사지 않고 얻어 쓴다. 더 이상 장난감 사줄 필요 없다. 얻어 쓰는 것으로도 충분하다.

살림이 최고의 놀잇감!

장난감도 선택하는 기준을 세우고 정해놓은 양만큼만 소유한다. 내가 기준을 갖고 있으면 남기거나 버릴 때도 쉽고, 장난감이나 육아용품으로 나가는 지출도 쉽게 발생하지 않는다.●

물려받기만 해도 이렇게 많다니!

이렇게 나만의 기준을 세우고 장난감을 최소화해도 우리 집 놀이방은 포화상태다. 장난감을 돈 주고 산 것은 없지만 감사하게도 여기저기서 물려받거나 선물 받은 게 많기 때문이다.

하지만 놀이방도 정리가 필요하다. 붙박이장에 보관하던 장난감과 육아용품까지 모두 다 꺼낸다. 그래야 팍팍, 자극이 되니까!

꺼내놓으니 방을 가득 채운 아이들 장남감과 소지품들

치우는 동안 박스는 아이들 놀잇감

그리고 이번에도 수납할 수 있는 공간을 제한했다. 아이들 장난감과 옷, 육아용품은 딱 놀이방 안에만 보관하기로 해서 정돈된 생활과 물건을 늘리

● 육아에 관한 자세한 내용은 넷째마당 참고.

지 못하는 효과를 함께 얻었다.

　기준에 맞추어서 추리고, 언젠가 놀겠지 하던 장난감과 육아용품까지 담 았더니 전부 세 박스가 나왔다. 이건 모두 주변에 나누어주었다. 아이 놀이 방에서 가장 자리를 많이 차지하던 망가진 싱크대, 이불로 대체할 수 있었 던 아이용 텐트, 장난감이 줄어서 필요 없어진 정리함까지 같이 처분했다.

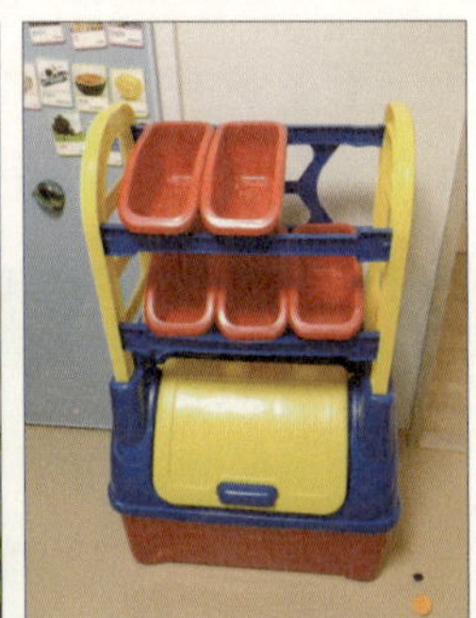

망가진 씽크대, 아이용 텐트, 장난감 정리함 처분

버리는 장난감 한가득

아이 놀이방은 아이가 생각해서 스토리를 만들어낼 수 있는 놀잇감들 위주로 남겼다. 딱 이만큼만! 더 보관하지도 않고 말이다.

육아용품을 정리할 때는 아이가 없을 때 한다. 조금 큰 아이들은 본인이 선택해서 추려보라고 할 수 있지만 어릴 때는 무조건 버리면 안된다고 하니까. 아이들 없을 때 다 비워냈는데 정작 아이는 없어진 장난감을 찾지 않는다. 왜냐하면 몇 박스를 버려도 아이가 잘 가지고 노는 레고, 나무 소꿉놀이, 블록, 아기체육관은 남겼으니까. 아이도 애착이 가고 설레는 장난감만 소유하면 과함에서 오는 혼란에서 벗어난다.

아이 놀이방 Before

After

아이도 넓어진 공간에서 더 신나게 논다. 비우고 나서야 놀이방이라는 본연의 임무를 수행할 수 있게 되었다. 아이가 있어서 못 비운다? 아니다! 아이가 있으므로 더 비워야 한다. 아이가 마음껏 돌아다니고 놀 수 있는 공간을 마련하기 위해서 비우자.

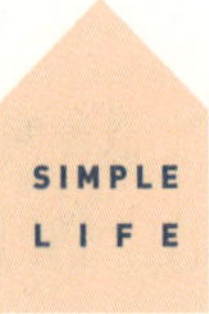

구역별 비우기 7
| 욕실 + 수납장 |

화장실 싹 비우기

예전에는 욕실용품이 화장실 수납장에 다 들어가지 않아서 일부는 박스에 담아서 베란다 창고에 따로 보관했다. 이참에 창고에 있는 욕실용품을 비우고 화장실 수납장에 들어갈 만큼만 남겨두자 해서 정리를 시작했다.

비워도 치워도 뭔가 영 마음에 안 드는 욕실. 아이가 둘이라서 살림이 많을 수밖에 없지만, 그렇기 때문에 더 복잡하지 않고 깔끔하게 만들고 싶은 욕망에 작은 화장실을 목표로 비우기에 돌입했다.

우리 집 욕실장은 한쪽은 세 칸, 다른 쪽은 두 칸으로 되어 있는 벽장이 전부다. 청소도구는 변기 옆에 고리를 걸어서 쓰고, 아이용 변기커버도 벽에 걸어놓았다.

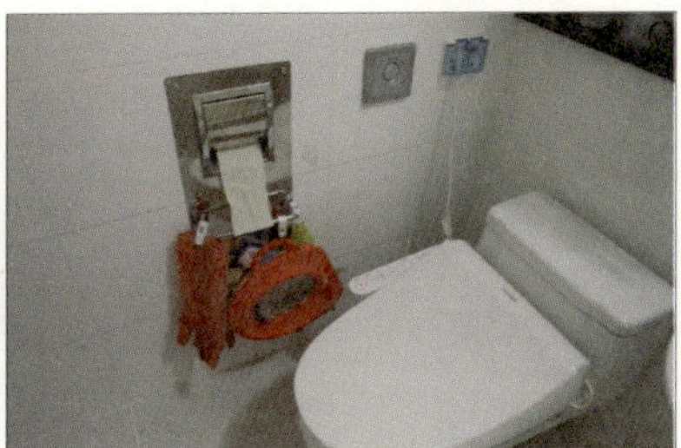

욕실 Before. 욕실장에 물건이 한가득이고 걸리적거리는 대야들, 벽에도 이것저것 잔뜩 걸린 도구들이 보인다.

비우기 시작! 칫솔은 두 아들이 쓰기 편하게 밖에 내놓고, 손 닦는 것들도 아이들 높이에 맞춰서 꺼내놓자. 나머지는 다 욕실장에 집어넣어야지. 그리고 욕조 안에 들어 있던 발받침대와 미니대야를 버렸다. 벽에 청소용품 걸어놓은 것을 치우고 다이소에서 구입한 집게고리를 이용하니 못 박지 않아도 되어 좋았다.

욕실 After

욕실용품 비운 것

* 사용하지 않는 전동칫솔 세트

* 낡은 수건

* 대야 2개

* 청소용으로 쓰려던 칫솔들

* 과하게 많은 여분의 치약, 비누, 바디클렌저, 클렌징폼 등

* 여행용 세트

* 때비누

* 낡은 샤워폼

* 목욕타월, 걸레 낡은 것들

* 아이용 발받침대 (필요하면 주방에서 사용하는 접이식 미니의자로 대체)

* 여러 종류의 청소솔

* 방향제

과하게 많은 여분의 비누와 치약 등은 주변에 나누어주었다. 여분이 많다고 생각하면 아끼지 않고 펑펑 쓰기 때문에 자연보호도 되지 않는다. 부족한 듯 있어야 정량의 치약을 사용하고 정량의 샴푸를 사용하더라.

사용할 물건은 바로 그 장소에

낡은 수건은 버리고 언젠가 사용하겠지 하던 새 수건을 꺼내서 기분 좋게 사용하고, 아낀다고 안 쓰던 좋은 비누도 꺼냈다. 무엇이든지 지금 당장 사

용하지 않으면 의미가 없으니까! 바디로션도 가족 모두 사용할 수 있는 제품으로 바꾸니 공간 차지 안 하고 경제적이다. 그리고 방향제를 없애고 천연양초 만든 것을 놓았더니 상쾌함이 오래도록 유지되어 좋다.

욕실용품 남긴 것

* 여분의 칫솔 4개, 아이용 칫솔 4개

* 새 수건 10장, 걸레 2장

* 대야 1개, 미니욕조 1개

* 여분의 치약, 비누, 바디클렌저, 클렌징폼, 샴푸, 물비누 1개씩

* 샤워폼 1개

* 바디로션, 헤어젤, 베이비워시앤샴푸, 린스, 빨래비누 1개씩

* 아들 소변기

* 청소솔, 운동화솔, 스퀴지 1개씩

* 마사지팩 1개, 스크럼 1개

* 바디로션 (하나로 가족 모두 사용)

* 천연양초 (방향 효과 굿)

* 청소세제 1종류

* 드라이기, 위생용품

비워내고 정리하다 보니 겹치거나 쌓지 않아도 되고, 작은 욕실 수납장에 모든 것을 수납할 수 있었다. 밖에 나와 있던 청소도구까지도! 아이용품은

아이방에, 엄마 것은 엄마
장롱 안에, 욕실용품은 욕
실에 있어야 필요할 때 못
찾아서 또 사거나 짐을 늘
리지 않는다. 욕실 역시 한
곳에 몰아놓고 보니까 더

깔끔하게 정리된 욕실 수납장

비울 것들이 보여서 정리도 한결 쉬워졌다.

나를 가꾸어야 할 것들은 바로 꺼내기 쉽게 수납장 하단에 여유롭게 늘어
놓았다. 바쁜 육아 때문에 매번 미루던 스크럽과 팩을 정기적으로 할 수 있
게 되었다. 여자로서 아름다움도 지켜야 하니까!

청소용 고무장갑, 너를 어디로 보내는지가 문제
였는데, 수납장 맨 위에 고리를 걸어 보내줬다. 잘
안 보인다. 덕분에 깔끔해졌다. 정리도 익숙함에
서 벗어나는 게 핵심! 발상의 전환이 중요하다. 나
는 왜 고무장갑을 보이는 데 걸어놓을 생각만 했
을까.

수납장 위에 고리로 걸어둔 고무
장갑

가끔 예쁜 인테리어를 위해서 욕실 수납장도 깔끔한 것으로 바꾸고, 샴푸
와 린스 전용용기를 구입해서 진열해놓고 싶다가도 마음을 다스린다. 정리
용품 구입이 한도 끝도 없어지니까. 그러니 되도록 이미 집에 있는 것들을
최대한 활용하고 수납할 물건 자체를 비우는 것에 초점을 맞추자.

손쉽게 쓱싹! 화장실 청소법

화장실 청소할 때 이것저것 세제를 사용해봤는데 광고처럼 종류별로 없어도 큰 문제가 없었다.

욕실 유리 — 쌀뜨물 + 스퀴지 사용

욕실 유리는 쌀뜨물을 분무기에 담아서 뿌리고 스퀴지로 긁어내면 깨끗함이 오래 유지되니 따로 세제를 구입할 필요가 없다.

쌀뜨물을 뿌리고 스퀴지로 긁어내면 끝

바닥과 변기 — 베이킹소다 + 구연산

욕실 바닥과 변기는 베이킹소다 가루를 뿌리고 구연산을 물과 희석해서 뿌리면 화학작용으로 거품이 보글보글 올라온다. 그런 다음 솔로 삭삭 문지르면 묵은때가 정말 잘 빠진다. 반짝이면서 세제 냄새 안 나는 욕실로 만들 수 있다. 같은 방식으로 싱크대 배수구도 청소하니까 간편하다. 세제도 종류별로 준비할 필요 없이 베이킹소다와 구연산이면 끝!

베이킹소다 + 구연산이면 청소는 만능!

구역별 비우기 8
| 현관 신발장 + 베란다 세탁실 |

내가 쓰지 않는 물건에 새 생명을

가방, 신발, 옷에 홀릭했을 때 그 짐들을 다 싸들고 결혼했다. 신발은 신발장에 다 안 들어가서 신발 살 때 들어 있던 박스째 창고에 가득 쌓아놓고 뿌듯해했다. 그러다가 비우기를 시작하고 하나둘 아깝지만 신지 않는 것, 불편한 것, 맞지 않는 것들을 비웠다. 몇십만원씩 주고 샀지만 몇 번 신지도 않고 끌어안고만 있던 것들을 과감히 버렸다.

하지만 시간이 지나니 또 신발장은 넘친다. 신발장을 째려봤다. 1년 동안 안 신은 것을 비워냈다. 내가 안고 있어봐야 이 물건은 제 기능을 못한다. 기부하면 분명 새로운 주인이 잘 사용할 테니 물건에 새 생명을 주자. 다음은 내가 신발을 비우는 기준이다.

신랑은 필요한 신발이 많다. 근무화, 태권도화, 러닝화 등. 내 맘처럼 확 줄일 수는 없다. 포기할 것은 포기하고 내 것부터 비웠다. 따로 박스에 담아놓으면 신발의 양을 파악하기 힘드니까 네 가족 4계절 신발 모두 딱 이 공간, 즉 현관 신발장에만 채우도록 해야지.

다른 집에서 아이들이 맨발로 현관에 나갈까 봐 가드를 설치하는 것을 보고 나도 구입할까 하다가 고개를 저었다. 대신 신발을 신발장 안에 모두 넣어서 현관을 정돈하고 바닥을 깨끗하게 걸레질해놓으니 가드가 없어도 괜찮다.

신발장 정리 완료

버리는 신발이 한가득

베란다 세탁실 비우기

다음에 비울 곳은 주방 옆에 있는 정말 작은 세탁실. 나에게는 손도 닿지 않는 선반 하나가 저 위에 있다. 의자 놓고 올라가도 깊은 안쪽은 손이 안 닿는다. 세탁세제 등을 쌓아두었는데 그것들을 비우기 시작했다.

세제를 개봉해놓고 거의 안 썼는데 와, 벌레가 생겨버렸다. 세제도 개봉 후 오래 두면 이렇게 되는구나. 과유불급! 보관함이던 철제 바구니는 수납할 것이 없어져서 버렸고, 우리 집은 통돌이세탁기를 쓰는데 어딘가에서 받은 드럼세탁기용 세제가 있어서 옆집에 주었다.

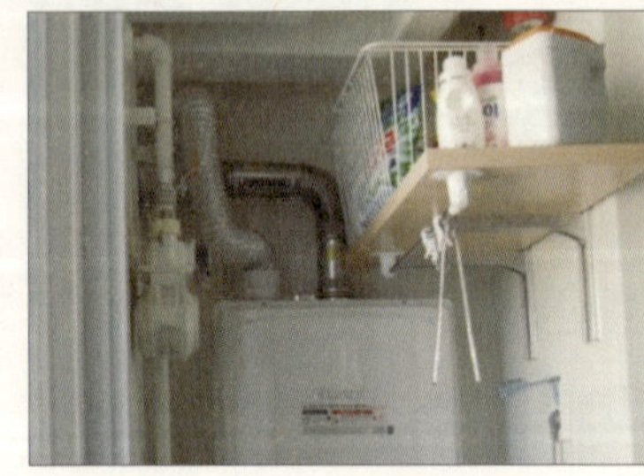

세탁실 선반 Before

After

그래, 공간 남는다고 쌓아두지 말고 그냥 비우자. 어차피 올라가기도 힘들고 이제 더 이상 저장할 것들도 없다. 하지만 아직 마음이……. 빈 공간은 뭔가 채워야 하는 것 아닌가 싶은 마음이 든다. 차츰차츰 빈 공간을 익숙하게 생각하게 되겠지.

그동안 좁은 베란다에서 수납하기 위해서 거실에 있던 철제 책장을 옮겨와 사용했었다. 그런데 이것도 지저분하게 여겨졌다. 이미 세제를 최소한으로 남겨놔서 수납공간이 많이 필요 없으니, 다시 버릴 것들 버리고 남은 세제를 벽에 걸어놓았다. 수납용품은 새로 사지 않고 주방에 있던 컵걸이를 베란다에 설치했다. 작은 공간을 불평할 게 아니라 비우고 나니 비로소 넓어졌다.

베란다 세탁실 Before　　　　　　　After

구역별 비우기 9
| 창고가 된 작은방 |

짐으로 가득한 작은방! 비우자, 비워

우리 집은 확장형 24평 아파트. 베란다가 코딱지만하다. 그래서 방 3개 중 제일 작은 방을 거의 창고로 쓰는데 이 방을 비우고 싶어졌다.

먼저 시작한 건 베란다 짐부터 최대한 비워서 작은방에 있는 신랑의 운동 용품을 배란다에 수납하는 것. 즉 베란다만 창고로 삼고 작은방에서는 짐을 없애 방 본연의 역할을 하도록 만드는 작업이다.

버리기 전에 베란다에 내놓은 것, 보관하려고 남겨둔 것들을 일단 다 꺼냈다. 작은 베란다인데 살림을 꺼내니까 너무 많다. 이미 1년간 버려왔는데도 이 정도라니, 맙소사!

베란다 짐과 작은방 짐을 모두 꺼내니 엄청나게 많다.

그리고 베란다에 있던 서랍장을 버렸다. 수납할 수 있는 공간을 줄여야 살림도 더 늘지 않는다는 법칙을 지키자고 약속하며 과감히 비워나갔다.

작은방에 있던 2단서랍장은 입주할 때부터 원래 있던 것이다. 만약 이사를 간다면 우리에겐 이 서랍장도 없는 거나 마찬가지니까, 서랍장은 그대로 두고 서랍장 안의 물건을 최대한 정리했다. 몇 차례 비운 터라 금방 비울 수 있었다.

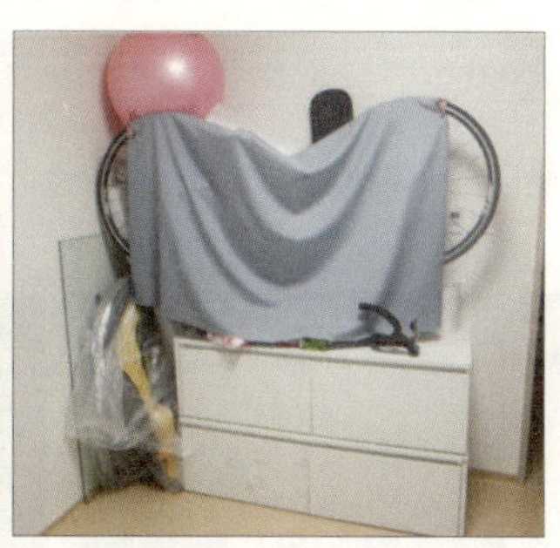

베란다 서랍장 아웃   2단서랍장은 유지하고 잡동사니만 정리

서랍에 들어 있던 물티슈는 사용할 만큼만 남기고 이웃에게 나누어주었다. 서랍에 보관하던 프린터기는 책상 밑으로 보내고, 보험 관련 서류는 서류철에 꽂았다. 그래서 텅 빈 서랍에는 여기저기 남아 있는 물건 중 꼭 필요한 것만 넣었다. 딱 이 서랍장만 우리 집 잡동사니 담는 공간으로 제한하자며 마음속으로 다짐했다. 그리고 책장 구입할 때 함께 온 철제 미니서랍도 잡동사니를 비워내고 버렸다.

작은방 서랍장 1개 아웃

서랍장 3개에서 버린 잡동사니들

* 오래된 통장 (최근 것만 남긴다)

* 사용하지 않는 오래된 CD

* 언젠가 쓰겠지 했던 엽서와 스티커, 카드 등

* 사용하지 않는 지갑들

* 여행 기념품

* 어디에 쓰는지도 모르는 전선류

* 사용하지 않는 많은 펜들

작은방에서 버린 잡동사니들

베란다와 작은방을 비우는 것은 그야말로 잡동사니를 비우는 과정이었다. 언젠가 쓸 테니 남겨야지 하던 것들이 서랍장들을 채우고 있었으니까. 특히 펜 욕심이 많았던 과거를 뒤로하고 엄청 많이 버리고 나누었다. 사실 내가 쓰는 펜은 정해져 있었다. 부드럽고 손에 잡히는 몇 개. 나머지는 아까워서 그냥 보관만 했다. 필통과 연필꽂이에 사용하는 몇 자루만 남기고 다 처분했다. 이제 기념 볼펜은 받지 않고, 1개 생기면 1개 버리는 방식으로 문구류를 늘리지 않고 있다.

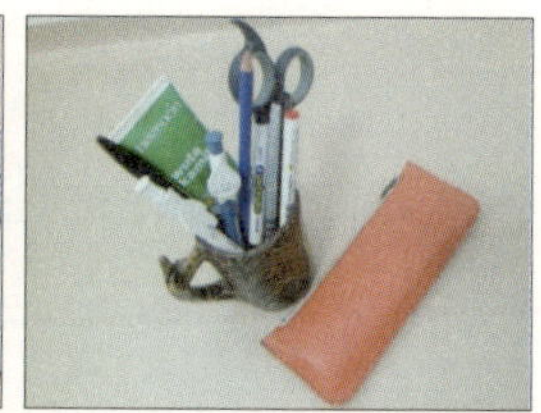

정말 내가 잘 사용하는 펜만 남기고 모두 아웃

넓고 쾌적해진 작은방

이렇게 전부 2개의 서랍장을 버렸다. 물론 이것들도 모두 이웃집이 가져가서 잘 사용 중이다. 서랍장과 함께 기억도 나지 않는 잡동사니들까지 다 치우고 나니, 방으로서 활용을 못하던 작은방은 이제 진정으로 쉴 수 있는 공간이 되었다. 더 이상 작은 방이 아니다!

추억은 마음속에!
복잡한 인간관계 비우기

추억도 비우자 — 앨범, 액자, 일기 버리기

정리를 시작하면서 첫 번째로 결혼앨범을 버렸다. 사실 처음부터 짐이 될 거라 예상하고 안 만들려 했지만 부모님 성화로 만들었다. 사진을 저장해놓은 CD가 따로 있어서 과감히 버릴 수 있었다. 그리고 친정에 있던 졸업앨범, 한 번도 펼쳐보지 않았는데 이것도 버렸다.

결혼액자는 1개 만들었는데 워낙에 벽에 뭐 거는 것을 좋아하지 않아서 바닥에 내려놓았다. 버릴까 말까 고민하는 중에 신랑의 한마디, "어차피 걸지 않을 거라면 버려!" 이 말을 듣자마자 분해해서 버렸다. 지체하면 또 마음이 흔들리니까! 슬슬 신랑이 비우기 동지가 되고 있다.

결혼액자, 안녕~

잔뜩 모아놓은 다이어리, 일기, 편지들

하지만 끝까지 버리지 못한 건 바로 다이어리와 일기장. 난 어릴 때부터 글 쓰는 것을 좋아해서 일기장이 참 많다. 친정집 구석구석 쌓여 있는 녀석들. 신랑과 9년간 주고받은 연애편지도 한 박스다.

모두 버리기로 결심하고 마지막으로 열어보았다. 추억이 마구마구 돋는다. 하지만 오늘 이렇게 정리하자고 결심하지 않았다면 평생 이 박스와 짐들을 꺼내보지 않았겠지. 추억은 이제 마음속에 새기기로 하자.

몇 권 읽어보다가 그냥 버리기 아쉬워서 사진으로 남겼다. 이젠 사진으로 찍어서 추억을 담아놓고 종이는 버려야지! 다시 꺼내보지도 않을 거면서 못 버리는 물건들. 추억의 물건을 버리면 추억도 날아갈 것 같은 불안감에서 오늘 난 해방되었다.

인간관계도 다이어트가 필요해

결혼 전에는 회사에서 퇴근하면 만나야 할 사람들을 다이어리에 빼곡하

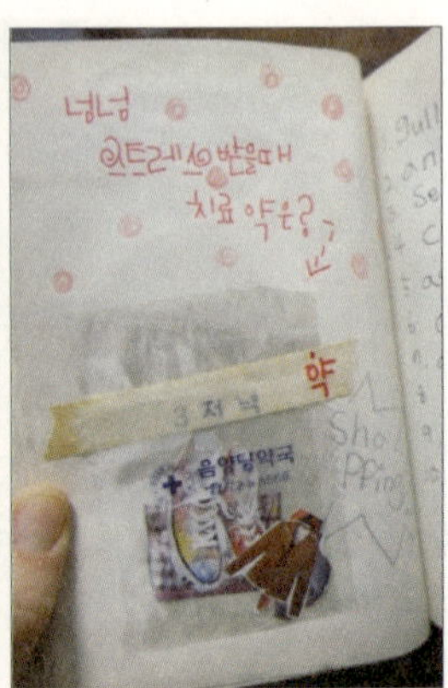

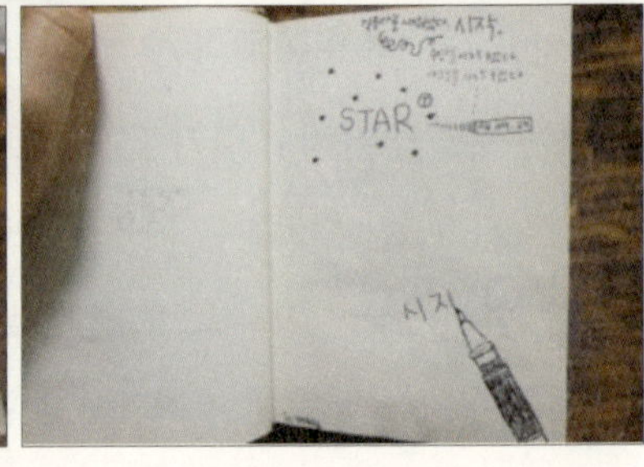

사진으로 남겨둔 추억

게 스케줄로 담았다. 하루라도 약속이 비면 큰일날 것처럼 조급해했다. 사람들을 만나야 한다는 강박, 인간관계가 넓어야 멋진 사람인 것처럼 자아도취에 빠져서 그렇게 많은 시간을 투자하며 살았다. 나는

다이어리에 빼곡한 일정들

영업직도 아니었는데 왜 그렇게 스케줄 빡빡하게 사람들을 만났을까? 지금 생각하면 잘 이해가 되지 않는다.

소모적인 시간을 뒤로하고 결혼 후 내 삶은 달라졌다. 일단 고향을 떠나 타지에 정착하면서 인간관계가 자연스레 정리되었다. 깊은 만남만 남게 되었다.

사실 타지에 살면 외롭다. 그래서 처음에는 주변사람들에게 의지하고 모임도 가지며 외로움을 달래려 했다. 하지만 오래가지는 못했다. 당분간 전업맘으로 살자고 결심했을 때 나는 가정에 충실하고자 노력했다. 살림, 육아 외에 나만의 시간도 따로 갖고 싶었다. 하지만 엄마들 모임까지 나가면 그 시간이 나오질 않는다. 언제 살림하고 애들 챙기고 나를 발전시키는 시간을 갖지? 모임을 하면서도 그런 의문이 들었다.

엄마들 모임에 나가보니 TV 이야기, 뒷담화, 애들 용품 공동구매 등 소비적 이야기가 주류였다. 나와는 맞지 않았다. 대신 아이 교육, 살림, 여자로서 자기계발 이야기를 나눌 수 있는 말이 통하는 사람이 필요했다. 다행히 그런 친구를 몇 명 만나서 지금까지 인연을 이어가고 있다.

나를 이해하고 나와 마음이 맞는 사람

"오늘은 혼자만의 시간이 필요해"라고 말하면 이해해주는 사람 몇 명. 같이 있으면 뭔가 어색하고 불편한데 만나야 하기 때문에 만나는 사람들 말고 편한 사이만 남겼다.

물론 혼자만의 세계에 갇혀서 살 순 없다. 하지만 얕은 관계 10명보다 깊은 관계 2명이 나에겐 편하고 건강한 느낌을 준다. 말을 아끼고 믿을 수 있는 사람과 대화하니 구설수에도 잘 오르지 않는다.

그러다 어쩔 수 없이 여기저기 수다로 의미 없는 하루를 보내면 너무 피곤하다. 나도 성격 좋아 보이려고 하하하 웃으며 주절주절 말 많이 해봤는데 그러고 나면 머리가 띵하다. 말을 많이 하고 다니면 결국 하지 않아도 될 소리를 하더라. 남 욕이나 하고 불평이나 하고. 그러다 결국 내 약점이 되고. 나와는 맞지 않는다.

학부모 모임, 아파트 모임, 온라인 정모 등 많은 모임을 하다 보면 말이 돌고 다른 집과 비교하며 좌절도 한다. 완전 무던한 성격이라면 괜찮겠지만 이래저래 마음이 여리다면 그냥 말하는 분량을 줄이고 모임도 줄이는 게 정신건강에 좋지 않을까?

심플한 삶, 심플한 인간관계

심플한 삶은 심플한 인간관계와 연관이 있다. 심플한 인간관계란 허공에 사라지는 수다를 줄이고 개인 공간과 시간을 배려해주는 관계라고 믿는다. 이제 조급하게 이웃을 많이 사귀지 않는다. 그리고 예전처럼 사람들 많이 아는 게 멋지다고 여기지 않는다. 사람들에게 목메고 허비하는 시간에 나 자신을 돌아보고 앞으로 어떻게 살지 생각한다. 그렇게 현재를 살아가며 분주함을 내려놓고 차분한 시간을 만들어가고 있다. 인간관계도 심플하게 정돈되고 있다.

"설명하지 마라.

친구라면 설명할 필요가 없고,

적이라면 어차피 당신을 믿으려 하지 않을 테니까."

— 앨버트 허버드

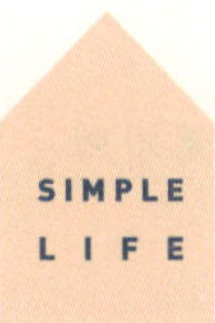

사소한 비우기,
내 삶을 바꾸다!

비움의 삶이 지구를 지키는 길

비우기를 하면서 쓰레기봉투 50리터짜리를 사다놓고 수시로 비웠다. 버리는데 무거워 죽는 줄 알았다. 유모차 끌고 애 둘 데리고 버리러 가는 길이 어찌나 멀던지. 버려도 계속 나오는걸. 분리수거하고 돌아서는데 나는 그동안 쓰레기더미에서 살았나 싶다. 1년째 버리고 또 버리는데 계속 나온다. 버릴 때마다 헉 한다. 내가 정말 지구를 오염시키는구나.

후손들이 사용할 지구를 내가 소비하고 소유함으로써 쓰레기더미로 만든다 생각하니 두려웠다. 생각없이 들여놓은 것들, 충동구매로 소비한 물건들 다 쓰레기가 되는구나.

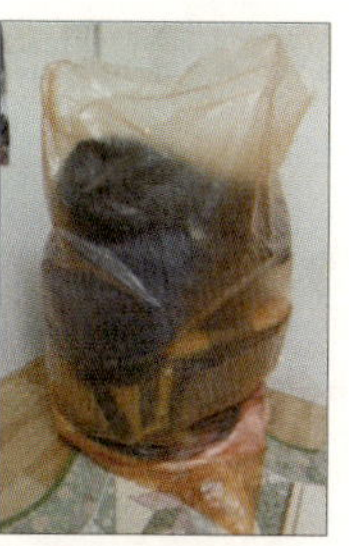

버리고 버려도 또 나오는 쓰레기와 재활용들

함부로 사지 말자. 똑똑한 소비를 하자. 고품질 물건을 사서 오래 사용하자. 친환경소재로 만들어서 잘 썩는 제품을 사용하자. 베이킹소다, 구연산처럼 친환경세제를 사용하자. 공짜라고 받아서 쟁여두지 말자. 남들 쓴다고 당연히 소유하지 말자. 비움의 삶이 지구를 지키는 길이란 것을 확실히 깨우쳤다.

마트에서 장을 보면 안 좋은 점이 포장이 너무 과하다. 나물 하나를 사도 스티로폼 팩에 담아주니까. 이참에 택배도 줄여야겠다. 박스에 뽁뽁이에 또 박스에……. 어쩔 수 없이 과한 포장들을 버릴 때마다 속이 아프다. 더 좋은 방법이 없을까? 그래, 우선은 지금처럼 장바구니를 들고 쉽게 나눠주는 봉투를 거절하면서 내가 할 수 있는 최선의 방법으로 살자.

타협해서 사지 말 것! 꼭 2배로 사게 된다

옷장을 비우면서 든 생각이, 적당히 타협해서 산 것은 결국 안 쓰게 된다는 것. 운동화가 그 예다. 친정 갔다가 백화점에서 급히 산 신발. 검정색을 사고 싶었으나 없어서 그냥 남색을 샀다. 그런데 역시나 안 신게 된다. 볼수록 속상하다. 왜 내가 그때 타협해서 사들였을까? 결국 내가 원하는 스타일로 검정색 운동화를 또 사고야 말았다. 타협하면 꼭 2배로 사게 된다. 싸다고 급하다고 대충 사지 말자. 하나를 사도 제대로, 그래야 오래 쓴다는 걸 깨달았다.

가을 셔츠 한 장이 필요한데 마음에 드는 옷이 없어서 겨울이 다가오도록 사지 못했다. 원하는 물건을 찾지 않으면 이제는 차라리 구매하지 않게 되었다. 어차피 내 마음에 100% 쏙 드는 게 나올 때까지 계속 구입하리라는 것을 아니까.

없어도 살아진다는 자각

주방에 도구가 다 있어야 되는 줄 알았다. 세제도 청소용품도 모든 것이 다 있어야 살림을 할 수 있는 줄 알았다. 하지만 1년을 비우고 나니 생각나는 물건도 없고 없어서 불편해진 물건도 없다.

없어도 살아진다. 광고를 보고 홈쇼핑을 보면 저 물건을 사용하지 않으면 삶이 우울해질 것 같지만 실상은 아니다. 오히려 제값하려면 사용해야 된다는 마음의 짐을 얻는다. 하지만 비우고 나니 없어도 충분히 살아지고 홀가분해졌다.

청소할 시간이 줄어든다, 내 시간이 많아진다!

아이 둘인 집은 청소하고 뒤돌아서면 아이들이 다시 어지르기 때문에 항상 도돌이표. 여전히 그렇긴 하지만 비우고 나니 청소하는 시간이 반으로 줄었다. 놀이방 공간이 넓어지니까 아이들이 어지른 것은 놀이방에 몰아넣고 거실은 깨끗하게 유지한다. 너무 깔끔 떨어도 아이들 정서에 안 좋으니까 놀이방만 계속 어지르게 둔다. 그래도 널널하니까.

거실은 깔끔하게 유지하고 아이들 놀이방은 마음껏 놀게 둔다.

나만의 방식으로 청소시간을 줄여갔다. 또 작은방과 거실, 놀이방으로도 활동공간이 충분해 좀처럼 침실을 어지럽히지 않으니 방 하나를 정리하는 시간도 줄었다. 잡동사니가 굴러다니고 쌓여서 집이 금방 지저분해졌는데 잡동사니 자체를 많이 비우니 밖에 나와 돌아다니는 것들이 없어서 청소가 쉬워졌다.

소비욕이 줄어들고 육아가 즐거워졌다

비우고 나니 채우기 싫어서 물건을 사지 않는다. 무언가 소비하려면 웹서핑하고 발품 팔면서 보내는 시간이 많았는데 검색시간이 확 줄자 시간이 남았다. 청소도 줄어서 남는 시간에 음악 듣기, 요리영화 보기, 책 읽기, 글

쓰기 등 내가 좋아하는 일을 찾아서 힐링을 했다.

완전히 독박육아라서 내 시간이 거의 없었는데 스트레스를 풀자 육아할 때 힘이 났다. 사실 살림과 육아에만 치여서 스트레스를 풀지 못하면 결국은 나도 모르게 아이에게 짜증을 내게 된다. 하지만 삶이 여유로워지자 곧 육아도 고통이 아니라 즐거움으로 다가왔다. 독박육아임에도 불구하고!

작은 집을 꿈꾸는 삶, 더 벌어야 하는 고통이 줄었다

처음 15평에서 생활하다 24평으로 이사 왔을 때 집이 넓어지니 공간에 맞춰서 살림이 늘어났다. 신랑은 다시 작은 평수로 이사 가면 어쩌려고 이렇게 짐을 늘리냐고 했지만 나는 아무 생각 없이 이것저것 받아다가 공간을 채웠다. 그러면서 베란다가 너무 좁다고 불평하기만 했다.

이제는 살림을 비워가면서 점차 넓어지는 24평 아파트를 보면 집이 너무 크다는 생각을 한다. 살림을 비우고 나니 공간이 남아돌아서 오히려 겨울엔 춥다.

예전에는 작은 평수로 이사 가면 저 짐을 다 어떻게 하나 고민했는데, 이제는 언제 어디로든 가도 문제없다는 홀가분한 마음을 갖게 되었다. 예전에는 이사를 가면 이 적은 돈으로 어떻게 집을 구해야 할까, 대출은 얼마나 받아야 할까 고민했는데 지금은 오히려 작은 집으로 이사 가고 싶다.

비우기를 실천하다 보니 큰 집이 싫어진다. 청소 노동력, 대출금, 관리비 지출 등, 집이 커지면서 얻을 수 있는 이득보다 손해가 더 크다. 더 이상 남들에게 보여주기 위한 좋은 집을 갖고 싶지 않다. 그저 내가 속 편한 집만 있으면 된다.

이렇게 집에 대한 부담감이 없어지니 전전긍긍 돈을 모아야 한다는 강박
도 없어졌다. 비우기를 통해 삶의 관점이 바뀌었을 뿐인데 마음도 가벼워
지고 내 삶도 밝게 빛난다. 반짝반짝 :)

"쾌적한 생활을 누리기 위해 죽어라 열심히 일하는데,
동시에 그렇게 일하느라 쾌적한 생활을 포기한다."

—《작은 집을 권하다》중에서

심플라이프를 통해 살림을 비우면서 집에 대한 생각도 바뀌고 소유에 대
한 생각도 바뀌었다. 무엇보다 좋은 점은 현재를 살게 되었고, 나중을 위해
더 많은 돈을 벌어야 한다는 스트레스도 사라졌다는 것이다. 내가 행복해
진 만큼 신랑도 행복했으면 좋겠다. 가장은 가족을 위한다는 미명 아래 부
자가 되겠다며 아등바등 억지로 살고 돈 벌어야 한다는 압박에서 벗어나게
해주고 싶다. 함께 행복했으면 좋겠다.

둘째
마당

식비를 확 줄이는
냉장고 비우기

냉장고를 텅텅 비워도
먹을 건 충분해!

지금은 냉장고를 꽉 채우지 않아도 괜찮은 시대

옛날에는 냉장고가 없었다. 조선시대 이야기가 아니고 70세 이모가 아이 키우던 시절 이야기다. 와, 냉장고 없이도 다 먹고 살았구나. 신선한 충격이었다.

그런데 어쩌다 우리는 냉장고와 김치냉장고를 꽉꽉 채우며 살게 되었을까? 대가족 시대도 아닌데 왜 이것이 당연해진 것일까? 빈 냉장고가 놀랍고 이상해진 시대다. 친정엄마가 우리 집 냉장고를 보고 영양실조 걸리겠다고 걱정하실 정도니까.

누군가의 말처럼 배고프면 20분 안에 충분히 먹을 것을 구할 수 있고, 이미 많은 것을 가졌는데도 우린 더 많이 저장하려고 한다. 냉장고를 채우지 않으면 불안해서 매일 마트에 간다. 아마도 가난한 삶에서 부유한 삶으로 시대적 흐름이 변하니 누구나 더 많은 소유를 욕망하게 된 건 아닐까? 이미 우리는 많은 것을 가졌는데 말이다.

물론 바쁘니까, 장볼 시간 없이 일해야 하는 시대니까 미리 쟁여놓기도 한다. 하지만 그렇다고 해도 너무 과하게 많이 쌓아놓는 경향이 있다. 나도 장보러 갈 때 적어가지 않으면 이것저것 더 담게 된다. 부족하면 다시 나와서 사면 되는데 지금 아니면 더 이상 구입하는 게 불가능할 것만 같아서 자꾸 넘치게 담는다.

하지만 무분별한 식비 지출, 버려지는 음식물쓰레기, 쳇바퀴 도는 생활에서 벗어나고 싶었다. 그래서 시작한 게 냉장고 비우기였다.

생활비를 줄이는 길, 집밥밖에 없다

가계부를 정리하고 생활비 안에서 살아보려 했는데 가장 크게 부딪힌 게 식비였다. 육아비는 마음처럼 줄일 수 없고, 옷은 있는 것만 입으니까 괜찮았지만, 먹는 데 쓰는 돈은 생활비 중 가장 많이 차지하면서 어지간해서는 줄지 않았다. 생활비를 줄이려면 식비를 줄이는 수밖에 없었다.

마트에서 장보는 게 취미가 되어버린 주부가 어떻게 식비를 줄일 수 있을까? 우선 '외식 안 하기'부터 도전했다. 외식을 안 하면 계속 마트에서 장을 보더라도 식비가 줄 것 같았다. 결과는 성공이었다. 외식비를 비교해보니 2012년 한 달 외식비가 30만원이 넘은 달도 있었다. 이때는 신랑이랑 나랑

두 식구였는데 말이다. 하지만 지금은? 집밥 먹기를 시작하면서 외식비 지
출이 월 5만원 미만으로 줄었다.

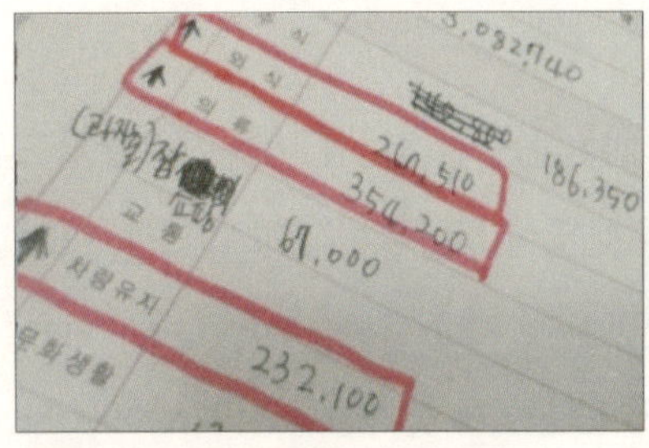

2012년 외식비 지출이 30만원 이상이던 시절

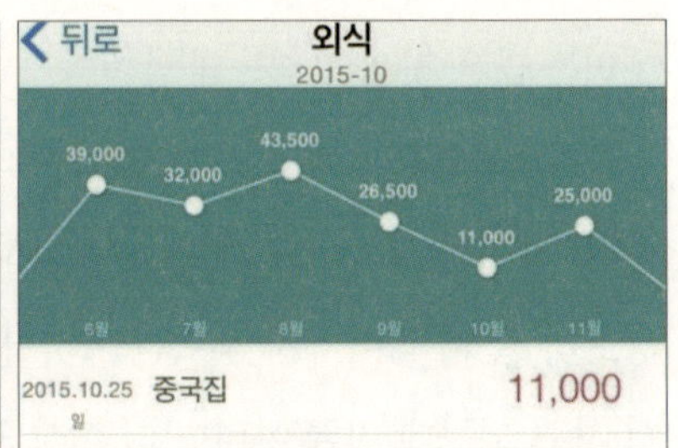

지금은 외식비 지출이 5만원 미만이다.

　이것도 진짜 외식이라기보다는 가끔 나를 위해 커피숍에 가거나 손님이
왔을 때 대접하려고, 그리고 부모님 찾아뵙는 길에 휴게소에서 쓴 것이다.
　집밥에 길들여지니 정말 외식비가 확 줄었다. 요즘도 목표한 생활비를
초과하는 달은 반드시 외식비가 많이 나갔을 때다. 외식하지 않고 집밥 먹
는 습관을 평생 유지해야겠다고 결심했다.

냉장고 파먹기를 해야 진짜 식비가 줄어든다

　외식 금지에 성공하면서 집밥 먹는 게 익숙해진 다음부터는 더 적극적으
로 식비를 줄여갔다. 냉장고 파먹기●를 하면서 말이다!
　냉장고 파먹기를 시작하게 된 계기는 이렇다. 외식비는 줄었지만 식비는
여전히 줄지 않았다. 외식을 안 하는 대신 집에서 잘 먹겠다는 보상심리로

마트에서 평소 사지 않던 즉석식품을 사고, 먹고 싶은 것은 다 담아왔기 때문이다.

하지만 과하게 장본 것들은 결국 다 먹지 못하고 냉동실에 쌓이거나 음식물쓰레기로 버려졌다. 역시 버릴 때마다 죄책감이 장난 아니었다. 이 쓰레기들은 다 어디로 가는 거지? 이러다가 매립지가 모자라서 쓰레기더미에서 살게 되면 어쩌지? 무엇보다 이렇게 버리는 것만 없어도 식비가 줄겠다 싶었다. 더욱이 이미 친정에서 보내준 식재료가 넘쳐서 냉동실에 더 들어갈 자리도 없었다. 더 이상 사면 안된다!

그렇게 해서 냉장고를 파먹기 시작하자 식비가 확 줄었다. 식비가 줄어드는 것을 보고는 더 열심히 파먹었다. 냉장실, 냉동실, 김치냉장고, 실온보관하는 식재료까지…… 먹을 수 있는 것들이 끝없이 나왔다. 지금도 여전히 나온다는 것이 아이러니하다. 냉파를 하지 않았다면 아마도 계속 식재료가 방치되다가 상해서 버리고 나는 새로 장을 보는 악순환이 되풀이되었을 것이다.

의무감만 드는 대량의 음식들, 식사시간이 즐겁지 않았다

1+1이라 싸다는 생각에 사들이면 결국은 질려서 안 먹고 버리거나 냉동실에 차곡차곡 쌓여갔다. 신선하던 재료도 많이 사니까 결국 신선하지 않

● 냉장고 파먹기 : 습관적으로 자꾸 장보는 것을 자제하고 냉장고 속에 있는 식재료만 활용해서 음식을 만들어 소진하는 것. 줄여서 '냉파'라고 부른다.

은 식재료가 되었다. 아무리 먹고 싶어서 만든 반찬이라도 많이 만드니까 먹다가 질려서 더 이상 손이 가지 않아서 버려졌다. 아까워서 억지로 먹다 보니 먹는 게 고역인 경우도 많아졌다.

결혼 전에 친정엄마가 아깝다고 남은 것들 싹싹 긁어 드시고 그래서 살찐 다고 하시는 모습을 보면서 나는 그러지 말자고 다짐했다. 하지만 나도 주 부가 되고 보니 남겨서 버려지는 것이 아까워서 억지로 먹고 있었다.

싫었다. 나는 억지로가 아니라 맛있는 것을 적당히 먹으면서 그 맛을 즐 기는 여자로 살고 싶었다. 살이 찌는 것은 둘째 치고, 내가 귀하게 여겨지지 않았다. '나부터 나를 아끼자'는 주의라서, 남은 찌꺼기를 억지로 먹는 모습 의 내가 행복하지 않았다. 그래서 냉장고를 비우고 조금씩 장을 봐서 요리 하기 시작했다. 식비도 줄었지만, 버리기 아깝다고 억지로 입에 들어가는 음식도 없어졌다. 몸이 가볍고 상쾌해졌다.

같은 음식을 서너 번 먹는 게 지겨운 사람은 그냥 조금씩 구입하는 것이 이득이다. 냉파 시작하고는 조금씩 사는 것이 습관이 되었다. 냉장고를 비 워가면서 확실히 깨달았다. 아쉽게 먹어야 더 맛있다는 것을.

지금 우리 집 냉장고에는 매실장아찌, 달걀, 호두, 미니두부 한 모, 맨 아 래 서랍에는 배즙이 있다. 두부를 큰 것으로 사면 항상 남는다. 마침 미니두 부가 나와서 저렴하게 샀다. 실온에는 양배추 1/4통과 콩나물이 있다. 냉동 실 고기 조금으로 오늘 삼시세끼를 충분히 먹을 수 있다.

이제는 그때그때 마트에서 네 끼 먹을 정도만 사서 들고 온다. 조금만 사 도 전혀 두렵지 않다. 오히려 열 가지 이상 구입하면 머리가 아프다. 몇 가지 안되는 소량의 재료로 메뉴를 생각하고 만들면 되니까 너무 좋다. 모두에게 이 편리함을 전하고 싶다.

간소해진 냉장고. 소량구매로 음식물쓰레기가 줄었다.

냉장고 청소하며
냉장고가계부 적기

꺼내자, 다 꺼내자!

살림할 때는 예쁜 수납용기가 눈에 들어온다. 센스 있는 블로거들을 따라서 검은 비닐봉지를 아웃시키고 수납용기에 담아 예쁘게 정리했다고 자부했지만, 사실 수납은 큰 의미가 없었다. 그냥 비우는 게 가장 멋진 수납이라는 것을 깨달았다.

그래, 냉장고도 비우려면 역시 정리의 기본 원칙●을 적용해야지. 먼저 냉장실, 냉동실, 실온보관 음식까지 모두 다 꺼냈다. 별별 알지도 못하는 재료

───────

● 정리의 기본 원칙은 첫째마당 참고.

들이 많이 나왔다. 냉장실은 오래 보관하면 상하는 것들이 있으니 그나마 금방 비우게 되지만 냉동실은 '언젠가 먹겠지'라는 생각에 계속 놔두게 되는 블랙홀이었다.

하지만 냉동식품도 보관에 기한이 있다는 것을 알고 아깝지만 너무 오래된 것은 버렸다. 2년이 넘은 것도 있었다. 다른 집 정리를 도와주다 보니 5년, 7년 된 것도 나왔다! 냉동식품 유통기한은 저마다 다르다. 식품과 냉장고 성능에 따라서 품질이 유지되는 상태가 다른데, 냉동실에 넣은 식품도 최대 6개월 안에 소비하는 것이 안전하다.

냉동식품의 유통기한

* 햄 1개월, 쇠고기 3개월, 돼지고기 1개월, 닭고기 6개월

* 생선 1개월, 고등어자반처럼 염장한 것은 최대 1년

* 멸치, 뱅어포 등 건어물은 6개월

* 냉동채소는 1개월

* 빵 3개월, 떡 1개월

* 찌개, 국 1개월

* 튀김 1개월

음식물들을 버릴 때 죄책감은 말도 못했고, 냉장고를 청소한 달에는 음식물쓰레기 비용이 2배로 올랐다. 아깝다는 생각에 버리지 못하고 그냥 쌓아두고 있다가 이번에 과감히 정리했다. 버리면서 뼈저리게 느꼈다. 많이 받

지 말고, 1+1 구입해서 쌓아두지 말자. 대가 없이 배우는 것이 어디 있을까? 냉장고를 비우면서 버리는 음식물쓰레기. 이걸 통해 뼈아프게 배우자.

그리고 마지막으로 수납용기들이 많이 남아돌아서 이번 기회에 같이 없앴다. 수납용기는 나에게 사지 않아도 되는 물건이었다.

냉동실 비우기 행동수칙

* 지금, 또는 한 달 안에 먹지 않는다면 1년이 지나도 먹지 않을 것이니 버린다.

  (손이 가지 않는 옷을 입지 않는 것과 마찬가지)

* 보관기간이 심하게 지난 식재료를 먹으면 건강을 상할 수 있다. 그냥 버린다.

냉장고 속 재료로 요리할 메뉴를 다 적어보자

"냉장고에 무언가 가득 차 있는데 막상 보면 해먹을 게 없어요."

이런 말을 하는 분들이 많다. 나도 처음엔 그랬다. 하지만 나름의 노하우가 생겼다. 먼저 냉장고에 A4용지를 떡하니 붙인다. 그리고 냉동실과 냉장실에 들어 있는 식재료와 실온보관 식재료를 모두 적고, 이 재료들로 해먹을 수 있는 음식도 적어본다. 각 장소에 있는 것들을 하나도 빼지 않고 전부, 개수까지 다 적는다.

이렇게 냉장고 속 재료와 메뉴를 적은 '냉장고가계부'는 적기만 해도 식비를 확 줄여준다. 누구나 그런 경험이 있지 않은가? 집에 없는 줄 알고 샀는데 냉장고 한쪽에서 썩어가고 있는 걸 목격한 경험. 물론 음식물쓰레기도 줄어서 뿌듯하다.

냉동실 식재료	냉장실 식재료	김치냉장고 식재료	실온보관 식재료
사골국물	두부	김장김치	~~카레가루~~
멸치	달걀 3개	파김치	스파게티면
육개장	파	사과 11개	병아리콩
오징어	당근		감자 4개
만두	~~방울토마토~~		~~라면 2개~~
햄			소면

재료를 비울 때마다 줄을 그어 지운다. 줄 긋기까지 한 달이 넘게 걸리는 재료도 있다. 정말 지겨운 싸움이 될 때도 있는데, 그래도 냉장고가계부가 대량의 묵은 재료를 털어낼 수 있는 계기가 된다.

멋진롬의 냉장고가계부

채소는 '절대 비우기 칸'에 두자

냉장고의 한 칸은 완전히 비워둬서 바로 소진할 수 있는 식재료를 놓는 칸으로 삼는다. 이곳은 바로 먹고 사라지는 '절대 비우기 칸'이다. 처음엔 채소를 맨 아래 신선실에 넣었는데 눈에 잘 안 들어와서 절대 비우기 칸으로 옮겼다. 그랬더니 보이는 대로 바로 요리해서 쓰니까 시들지 않아서 좋더라.

냉장고가계부 서식 다운받기

냉장고가계부는 빈 종이에 그냥 적어도 되지만 냉장고가계부 양식을 하나 만들어놓고 프린트한 다음 냉장고에 붙여서 사용하면 편리하다. 내가 만든 파일을 쓰실 분은 블로그로 와서 다운받으시길.

• 멋진롬 블로그(blog.naver.com/000sr000) → 상단 memo → 자료실 폴더

냉장실, 냉동실, 실온보관 식재료를 모두 다 적자. 양념과 간식거리도 빼놓지 말고. 그리고 이 식재료들로 만들 수 있는 메뉴도 꼭 생각해서 적어보자. 냉장고 정리하면서 바로바로 요리해 먹는 재미가 생긴다.

작성일: 12월 1일	냉장고가계부					
냉동실		만두	들깨가루	제육2		
아이스바	치즈	떡국떡	다진마늘	돼지갈비2		
스트링치즈	옥수수2	새우	들기름	더덕무침		
통들깨	닭가슴살3	소고기	홍시	백숙		
아이스크림	들깨가루	닭안심	블루베리	오뎅1		
찰떡2	병아리콩홀링	새우젓				
	마른생강					
냉장고		김치	호두			
배즙	겨자	실취포	대추			
사과즙	연겨자	두부	매실장아찌			
잣	크랜베리	버섯				
아기치즈	비타민	오이				
버터	보리티백					
청량고추	가루멸치					
김치냉장고		국멸치	복어말림	가루새우	호박씨	김장김치
사과	쌀	복어머리	복어포	가루버섯	해바라기씨	파김치
굴	여주즙	흑새우	뱅어	가루다시마	마른김	쉰김치
감		무말랭이	볶음멸치	볶은깨	구이김	고추장아찌
실온보관식재료		두유	말린묵	강력분	빵가루	
참치	스프	대파	마카로니	전분		
미역	소면	양파	파스타	중력분		
리챔	병아리콩	감자	미역귀	박력분		
당면	황기1	조미김	다시마	치킨가루		
양념		마요네즈	떡볶이소스	꿀가루	꿀	통후추.후추 / 참기름
고추장	간마늘	케찹	쯔유	황설탕	간장	계피스틱 / 미림
된장	마가목액	머스타드	들기름	백설탕	2배식초	계피가루 / 매실액
		돈까스소스	집간장	월계수잎	계간장	볶은소금
etc..		커피				
젤리	박카스					
탄산수	비타500					
사탕	베리과자					
메뉴						
들깨미역국	두부된장국	참치마요덮밥	소고기주먹밥			
제육김치볶음	복어국	육수수비타구이	비빔국수			
돼지갈비구이	버섯볶음	떡국떡볶이	멸치국수			
떡만두국	당면만두	닭안심튀김	군만두			
새우볶음밥	더덕구이	닭백숙	실취포무침			

— 우리 집 식재료들

— 우리 집 식단

멋진롬 12월 냉장고가계부

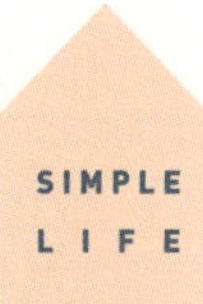

냉파 전 필수 코스,
알뜰식단 짜기

식단을 짜지 않으면 충동구매 확률 상승!

냉장고가계부에 식재료 리스트를 적고 더불어 내가 가지고 있는 재료로 만들 수 있는 식단을 작성한다. 나는 꼭 식단을 작성하는데, 순서대로 해먹지는 못해도 비슷하게 체크해가면서 집밥을 해먹는다. 적어놓은 식단표를 보면 충동구매 없이 곧바로 만들게 되므로 유용하다. 그리고 냉장고 식재료로 이렇게 많은 요리가 가능한데 굳이 장을 보러 갈 생각이 안 든다. 실제로 식단 짜기를 게을리하면 요리할 메뉴가 생각나지 않아서 라면이나 배달음식 시킬까 유혹에 빠지게 되더라. 그래서 틈나는 대로 내가 가지고 있는 식재료를 보면서 만들 수 있는 요리를 생각해 적어놓는다.

냉파요리는 재료 검색으로 찾자

많은 주부들이 인터넷이나 책을 통해 식단을 짠다. 주의할 점은, 냉파요리는 메뉴명으로 찾는 게 아니라 내가 가진 식재료로 검색해야 한다는 것이다. 예를 들어 요리책 맨 뒤에 색인을 보

식재료 색인을 이용해 식단 짜기

면 재료 이름으로 검색하게 되어 있는데, 그것을 기준으로 찾으면 된다. 앱을 활용할 때도 재료명 중심으로 검색해서 식단을 짜면 된다.

이렇게 냉장고에 잠자고 있던 재료로 무얼 만들지 고민하다 보면 일주일 식단이 자연스럽게 나온다. 그러면 그 식단 안에서 당분간 장보지 않고 음식을 만들어 먹는다.

예를 들어 카레를 만들려고 하는데 돼지고기가 없다? 그럼 그냥 빼고 만든다. 아니면 내가 가지고 있는 재료 중 다른 것, 예를 들어 햄이나 병아리콩으로 대체한다. 만약 유통기한이 다 되어가는 우동면이 있다면 카레우동을 해먹는다. 굳이 레시피대로 모든 재료를 다 사서 요리할 필요가 없다. 한두 개 빠져도 맛에 전혀 지장이 없다.

신혼 때는 재료가 하나라도 빠지면 안되는 줄 알고 양손 가득 장을 보던 때가 있었다. 하지만 지금은 없으면 대체품으로 요리한다. 그것도 없으면 한두 개 빠져도 그냥 패스!

그리고 친정에서 보내주시는 국, 식재료 등 공수품은 되도록 투명용기에

담아서 바로 확인이 가능하도록 해놓는다. 그래야 눈에 자주 들어오고 곧바로 요리할 수 있다.

우동면이 남아서 만들어본 카레우동

식재료는 투명용기에 담아서 식별이 쉽도록 한다.

식단 작성은 편한 대로 하는 게 최고!

다음은 냉파요리 식단을 작성하는 방법이다. 꼭 이대로 할 필요는 없고 저마다 편한 방식으로 작성해보자.

① 냉장고가계부●의 식단 항목에 작성하고 냉장고에 붙여놓는다.

② 탁상달력에 일주일치 메뉴를 적어서 겹치거나 질리지 않도록 한다.

③ 휴대폰 앱에 메뉴를 적어서 장보러 가서도 참고하고, 언제 어디서든 메뉴 구상을 가능하도록 한다.

● 냉장고가계부는 158쪽 참고.

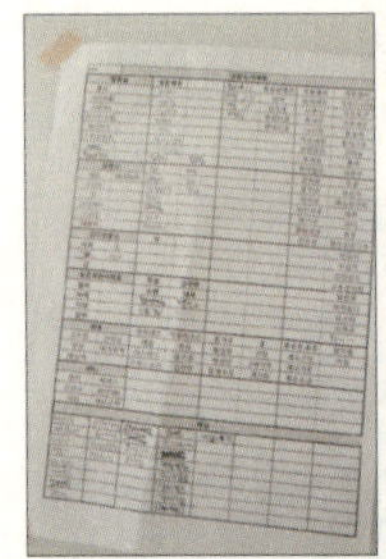

냉장고 앞에 붙여놓은 식단

앱에 적은 식단표

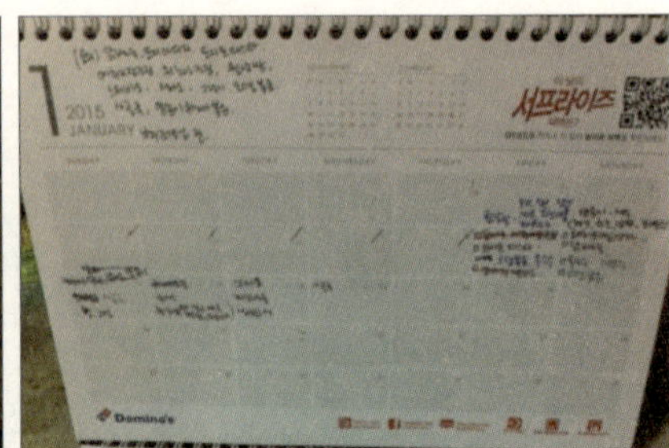

탁상달력에 적은 일주일치 메뉴

    처음 시작하는 분들은 지금까지 말한 게 머리 아프고 힘들어 보일 수 있다. 하지만 하다 보면 금세 익숙해진다. 나도 그랬다. 지금은 아예 뇌구조가 '당근이 있네, 뭐 해먹지?' 이런 식으로 생각하게 된다. 뭔가 사려고 장을 보러 가기보다는 '냉장고에 있는 재료로 무슨 요리를 할까?' 생각하다 보면 오히려 다양하고 새로운 요리를 시도하게 된다. 의외의 재료들이 새로움을 낳는다고나 할까?

냉파를 위한 식단 앱 '만개의 레시피'

냉파를 위해 메뉴를 고민할 때는 재료 중심으로 레시피를 찾아야 한다. 요리책은 색인에서 재료로 검색해서 찾고, 인터넷 검색도 마찬가지다. 앱은 주로 '만개의 레시피'를 사용한다. 상황에 따라 종류에 따라 다양한 요리 검색이 가능해서 편리하다. 재료만 입력하면 다양한 요리법이 나와서 냉파를 위한 식단 구성에 큰 도움이 된다. 이렇게 요리하다 보면 실력이 쑥쑥 늘어난다. 주부라는 일은 확실히 전문직이다.

냉파를 위한 맞춤 레시피가 가득한 '만개의 레시피' 앱

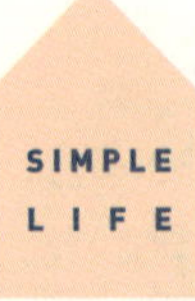

과소비를 막는
장보기 노하우

내가 정리하고 살아가는 방식이 종교인처럼 수행하는 것이라면 힘들어서 중간에 포기할 것이다. 하지만 이 과정은 억지로 참아내는 고통이 아니라 기분 좋은 시간들이다. 그래서 오래오래 지속할 수 있는 것 같다. 무엇보다 좋은 건 비우면서 정신없던 집, 살림, 머릿속이 정리되고 마음이 안정된다는 것이다. 뭐든 절약하고 싶으면 가장 먼저 해야 할 우선순위는 바로 비우기. 이것은 어디든 변하지 않는 진리다.

하지만 이제 막 냉장고 비우기를 시작한 분들은 쉽지 않을 것이다. 아무리 냉장고 비우기, 냉장고 파먹기를 해봐도 장보러 가면 무너지는 소비습관. 긴장의 끈을 늦추면 또다시 냉장고는 가득 차고 식재료는 쓰레기통에 버려진다. 이런 일의 무한반복을 막으려면 어떻게 해야 할까?

장보기 노하우 1 | 현금만 들고 가기

먼저 현금만 들고 간다. 물론 장보기 전 메모는 필수다. 카드를 들고 장을
보면 반드시 적어간 것보다 더 사
게 된다. 눈에 보이는 돈이 사라
지는 게 아니라서 더 사도 죄책감
이 없고 특별한 감흥도 없다. 따
라서 딱 필요한 현금만 들고 장을
보자. 더 사고 싶어도 살 수 없도
록 제한을 두는 게 필요하다.

장볼 때는 메모와 현금만 들고 간다.

장보기 노하우 2 | 대형마트 피하기

대형마트는 되도록 피한다. 집 앞에 있는 작은 슈퍼마켓이나 재래시장에
간다. 물론 재래시장이 제일 좋다. 개별품목을 비교하면 슈퍼마켓이 더 비
싼 듯해도 대형마트에 가면 심리적으로 물건을 마구 카트에 담게 된다. 집
앞 슈퍼마켓에서 한두 개 사서 들어오는 게 더 낫다.

장보기 노하우 3 | 카트보다 바구니 들기

그래도 어쩔 수 없이 대형마트에 가게 되면 카트 대신 바구니를 들자. 그
러면 무거워서 자연스레 꼭 사야 할 물건만 고르게 된다. 특히 아이들 데리

고 바구니 들면 힘들어서 오래 장을 볼 수 없다. 따라서 빠르게 살 것만 사서 집에 돌아오게 된다.

물론 살림연차가 쌓이고 내공이 생기다 보면 마트에 그냥 놀러 갔다 장을 보지 않고 돌아올 수도 있다. 하지만 냉장고 비우기 초기 단계에 진입한 분이라면 이렇게 자신을 통제해보길 바란다.

장보기 노하우 4 | 신선한 식재료 조금씩 구매하기

싸다고 많이 사들여서 시들시들한 채소로 요리하느니 조금씩 사서 신선한 식재료로 요리한다. 많은 양념을 첨가하지 않아도 그 자체로 맛이 난다. 예를 들어 우리 집은 바닷가 근처인데 항구에서 파는 고등어, 오징어는 너무나 싱싱해서 그냥 굽고 데쳐만 먹어도 다른 반찬 없어도 될 정도로 밥도둑이다. 한살림●에서 사는 두부도 그 자체로 싱싱하고 맛나서 다른 반찬이 필요 없다.

반찬의 양을 늘리기보다 신선한 재료로 본연의 맛을 즐기는 쇼핑이 정답이다. 아무리 좋은 재료라도 많이 사서 빨리 먹지 못하면 맛없는 재료가 되니 조금만 산다!

● 한살림, 생협 등 친환경 유기농 매장 이야기는 197쪽 참고.

재래시장의 좋은 점

요즘 재래시장을 살리기 위한 홍보가 한창이다. 나는 원래 재래시장을 좋아한다. 재래시장 상품권은 은행에서 구입하면 상품권 가격에서 5~10% 할인해주니 싸고 신선한 식재료를 더 싸게 구입할 수 있다.

사실 이런 혜택보다 더 좋은 것은 서민들이 부자가 되길 바라면서 이용하는 마음이다. 시장 구경도 재미있고, 할머니들이 집에서 키운 채소들 들고 나와 바구니에 담아 파는 것을 직접 사드리는 재미가 있다.

무엇보다 마트에서 구입하다가 시장 와서 사면 양이 확 차이가 난다. 내가 좋아하는 미역줄기, 이게 3,000원이다! 마트에서 샀으면 1만원도 넘을 양이다. 너무 많아서 옆집 나눠줬다. 맛있는 호박고구마는 5,000원. 얼마 전에 마트 갔다가 비싸서 그냥 왔는데 시장에서는 양도 많고 가격도 훨씬 저렴하다. 일부러 깎거나 더 달라고 하지 않아도 알아서 더 챙겨주신다.

싸고 푸짐한 재래시장표 미역줄기, 호박고구마

나는 2주에 한 번 한살림 가서 장보고, 틈틈이 재래시장에 가서 장을 본다. 시장에 없는 공산품은 온라인과 대형마트를 이용한다. 그날그날 필요한 재료는 집 앞 슈퍼를 이용한다. 사실 장보러 돌아다니는 게 나에겐 나들이다. 재래시장 가면 막 사고 싶은 게 많은데 여기서도 적정가격 안에서 적어간 것만 사오는 자제력을 발휘하는 게 핵심이다.

다음은 재래시장에서 사용할 수 있는 온누리상품권 관련 정보다. 활용할 분은 참고하기 바란다.

- **온누리상품권 판매처** : 새마을금고, 우체국, 신협, 기업은행, 우리은행, 부산은행, 광주은행, 전북은행, 경남은행, 대구은행, 농협, 수협
- **온누리상품권 가격** : 5,000원권, 1만원권, 전자상품권(5만원, 10만원)
- **할인혜택** : 상시 5% 할인(1인 월 30만원 한도 할인)
- **사용처** : 가맹점 스티커가 부착된 곳

전통시장 온누리상품권 가맹점 표시

재료 하나로 남김 없이!
| 냉파요리 200% 활용법 |

냉파요리 주의사항 — 신선한 채소는 소량구매

냉장고 파먹기에 몰입하다 보면 채소를 빠뜨리기 쉽다. 냉동실에 있는 고기, 생선, 건어물, 견과류 등 다양한 식재료를 소진함과 동시에 신선한 채소를 보충해야 영양의 불균형을 막을 수 있다.

그런데 막상 사놓고 보면 늘 자투리 채소가 남는다. 버리는 게 없어야 식비도 절약되고 환경도 지키는데……. 고기는 100그램, 생선은 한 마리씩 소량 사면 되지만 채소는 절단해서 팔지 않는 경우가 많아서 커다란 채소 하나를 사서 두고두고 먹어야 한다.

따라서 장보기 전에 어떤 채소를 구입할지 계획을 세우자. 예를 들어 냉장고에 두부가 있다면 된장국을 끓이기 위해 애호박 1개를 사는 식이다. 그리고 되도록 제철채소 위주로 구매계획을 세워서 재료를 적어간다. 안 그러면 또다시 남은 재료가 냉장고에서 굴러다닐 테니까.

예를 들어 무가 있으면 이를 소진하기 위해 생선조림과 어묵국을 만들기로 계획하고 생선 한 마리와 어묵을 구입한다. 휴대폰 메모장에 적어가서 이것만 구입한다.

가짓수를 많이 늘리지 않고 3일치 이내로 메뉴를 짜서 장을 봐야 한다. 3일치 메뉴를 짜도 살다 보면 중간에 모임이 있거나 한 끼 거르는 등의 변수가 있어서 반드시 재료가 남는다. 늘

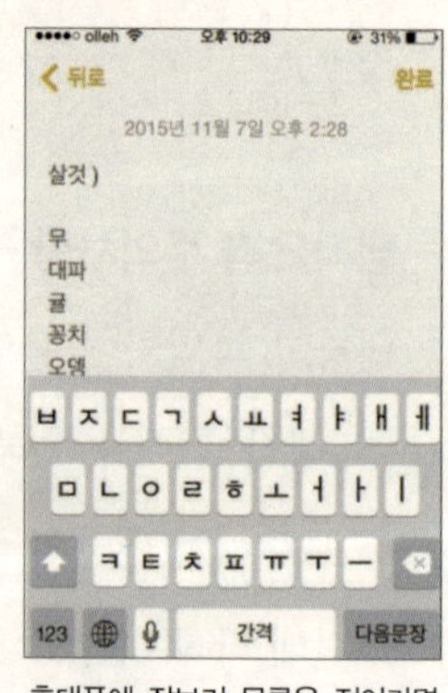

휴대폰에 장보기 목록을 적어가면 편리하다.

조금 부족하다 싶게 구입해야 남기지 않고 요리할 수 있다. 하나 더 담을 때마다 생각하자. 더 담으면 신선도가 떨어져버리는 식재료가 나올 거라는 것을.

그리고 무엇보다 중요한 것은 재료 하나로 다양한 요리를 해야 질리지 않으면서 다 먹을 수 있다는 것이다. 사실 요리책 보면서 식단을 연구해도 결국 내가 만들기 어려운 요리는 안 하게 된다. 내가 잘할 수 있는 요리, 식구들 모두 잘 먹는 요리로 고민하자.

다음은 각종 재료를 활용해서 쉽게 만들고 맛있게 먹을 수 있는 요리들이다. 인터넷에 입력만 하면 레시피가 줄줄 나오니 여기서는 생략한다.

◆ 무를 활용한 요리

| 들깨무나물 | 어묵탕 | 소고기뭇국 | 생선무조림 |

오징어뭇국, 무생채, 무밥, 무피클, 깍두기 등

◆ 양배추를 활용한 요리

| 길거리토스트 | 불고기전골 | 오코노미야키 | 볶음우동 |

부대찌개, 떡볶이, 양배추쌈, 무수분된장찜, 양배추비빔만두, 참깨드레싱샐러드, 어묵볶음, 양배추굴소스볶음 등

| 감자크로켓 | 카레 | 무수분된장찜 | 독일식감자전 |

감자밥, 감자조림, 감잣국, 감자부추전, 하이라이스, 감자샌드위치, 감자어묵볶음 등

| 단호박샐러드 | 단호박구이 | 단호박죽 | 단호박전 |

단호박수프, 단호박밥, 단호박팬케이크, 단호박튀김, 단호박조림, 단호박라테 등

이렇게 재료를 하나 사면 다양한 요리로 활용해서 탈탈 털어야 식비도 줄이고 쓰레기도 줄인다. 냉파요리는 재료 중심 요리라는 것을 잊지 말자.

냉동실 터줏대감들 어떻게 없앨까?

채소는 어차피 금방 상하기 때문에 눈에 보이는 대로 요리할 수밖에 없지만 냉동실에 쌓여 있는 식재료는 털어내기가 정말 어렵다. 당장 상하는 것이 아니니 언젠가 먹어야지 하고는 계속 뒤로 미루게 된다. 대량구매해 냉동보관해둔 멸치를 냉파를 한답시고 매일 먹을 수는 없다. 구석구석 냉동실 재료를 다 털어내야 진정 홀가분한 삶을 맛볼 수 있는데 아무리 해도 안 비워진다. 이럴 때는 최대한 다양한 방법으로 메뉴를 짜야 한다.

◆ 터줏대감 1 — 멸치 활용 요리

꽈리고추멸치볶음	통들깨멸치볶음	고추장멸치볶음	씨앗멸치볶음

잔멸치주먹밥, 마늘종멸치볶음, 멸치무조림, 견과류멸치볶음 등

◆ 터줏대감 2 — 냉동만두 활용 요리

비빔국수+군만두	만둣국	탕수만두	비빔만두

만두전골, 떡볶이+군만두, 만두라면, 깐풍만두, 만두우동 등

◆ 터줏대감 3 — 떡국떡 활용 요리

치즈떡볶이	간장떡볶이	떡라면	떡구이

떡국떡강정, 크림떡볶이, 떡만둣국, 매생이떡국, 떡국떡피자, 떡국떡파스타 등

◆ 터줏대감 4 ― 냉동새우 활용 요리

| 새우볶음밥 | 스파게티 | 새우케첩볶음 | 해물덮밥 |

해물탕, 새우튀김우동, 월남쌈, 새우버터구이, 새우마요, 새우죽, 새우브로콜리볶음 등

◆ 터줏대감 5 ― 당면 활용 요리

| 잡채 | 당면만두 | 부대찌개 | 뚝배기불고기 |

비빔당면, 찜닭, 당면떡볶이, 당면갈비찜 등

◆ 터줏대감 6 ― 참치캔 활용 요리

| 참치마요덮밥 | 참치채소전 | 참치김치찌개 | 참치주먹밥 |

참치김치볶음밥, 참치카나페, 참치채소죽, 참치김밥, 참치미역국, 참치샌드위치 등

식비 줄이는 일등공신,
집밥 습관

삼시세끼 잘 먹어야 외식 욕구가 사라진다

결혼하기 전엔 밥 짓기도 칼질도 안 해봤다. 그래서였는지 신혼 초에는 외식이 참 많았다. 하지만 아이를 낳고 집밥 습관을 위해 몇 달간 집중적으로 냉장고 비우기 프로젝트에 도전한 결과, 외식하던 버릇이 사라졌다.

삼시세끼 제때 먹어야 밖에서 뭔가 먹고 싶은 생각이 없어진다. 제시간에 안 먹으면 급격히 배달음식을 먹고 싶은 욕구가 밀려온다. 그래서 나를 위해, 아이들을 위해 부지런히 차려 먹으려고 노력한다. 귀찮아서 한 끼 대충 떼우고 과일 먹고 나면 그다음 밥때가 안되었는데도 급격히 배고파지면서 당장 짜장면을 시켜 먹고 싶다. 여러 번 이런 유혹을 경험한 뒤로 제때 챙겨먹는다. 확실히 외식 욕구가 없어졌다.

집밥 습관을 들이려면 단호해져야 한다. 마음속으로든 대외적으로든 "외식 금지!"를 외쳐보자. 나는 조미료에 예민한 편이다. 그럼에도 불구하고 MSG가 당길 때가 있다. 그럴 땐 가끔 집에서 먹는 라면을 허용한다. 라면은 몸에 안 좋지만 외식하느니 라면으로 조미료 욕구를 충족하기로 한 셈이다. 너무 억누르지 말자. 출구를 하나 정도는 마련해두는 게 좋다.

MSG가 당길 때는? 외식보다 라면!

외식은 원칙을 정해놓고 한다

외식하지 않고 집밥만 먹고 살고 싶어도 부득이하게 밖에서 만든 음식을 먹어야 하는 때가 의외로 많다. 신랑은 회식하면서 먹고 외부 모임이 있을 때 먹게 된다. 그리고 손님들 놀러오면 되도록 집에서 차려서 대접하지만 여러 끼를 챙겨야 할 때는 한 번씩 이 지역 맛집에 모시고 간다. 개인적으로 이렇게 접대를 하면서 평소 억눌렀던 외식 욕구를 푼다.

무엇보다 외식은 정해놓고 하는 게 좋다. 그래야 외식비를 예측할 수 있다. 주말 1회, 월급날 1회, 기념일만 외식 등 가정환경(전업맘, 직장맘 여부 등)에 따라 규칙을 정해서 무분별한 외식을 차단하고, 나머지 날들은 부지런히 집밥을 차려서 먹어보자.

많은 반찬은 필요 없다, 칸 접시로 조금만 올리자

"식탁 위 지나치게 많은 선택은 기쁨을 반감시킨다."

― 도미니크 로로

식탁에 반찬이 너무 많으면 참맛을 못 느끼는 것 같다. 외식할 때 보면 메인 요리 하나만 놓고도 집중해서 맛있게 잘 먹는다. 그래서 가짓수는 적게, 메인 반찬을 놓고 먹으려고 노력한다. 많은 반찬을 먹기보다 맛있게 한두 개에 집중해서 건강하고 즐겁게 먹기! 이것이 나의 집밥 사랑 노하우다.

음식의 가짓수를 줄이면 메뉴 구상하는 시간도 줄고 요리하는 시간도 줄어든다. 만약 반찬이 고민이 된다면 칸이 나누어진 접시를 이용해서 여기에만 맞춰 상을 차려보자. 그러면 굳이 반찬수를 늘리지 않아도 된다. 매일 똑같은 밑반찬 6개 올리느니 바꿔가면서 조금만 올리는 게 더 맛있다. 정 반찬이 없을 때는 김을 하나 추가로 올려준다.

그리고 세 끼 중 한 번은 국수, 덮밥처럼 한그릇요리를 하거나 빵과 오믈렛처럼 간편식으로 쉽게 가자. 그래야 몸도 편하고 쉽게 질리지 않아서 집밥을 이어갈 수 있다.

칸 접시를 이용한 반찬 차리기와 한그릇요리

육수를 만들면 외식이 줄어든다!

나는 일주일에 두 번 정도 아침에 일어나서 육수부터 끓이는 게 일상이다. 북어 대가리, 마른새우, 멸치, 파뿌리, 다시마, 무, 양파 껍질 등을 넣어서 끓인다. 좋은 재료를 다 넣었으니 맛있을 수밖에 없다. 무가 없다면 무말랭이도 괜찮다. 자투리로 남았거나 빛을 잃어가는 재료를 이것저것 넣는다.

육수 재료로 좋은 무말랭이

나는 육수로 이유식도 만들고 찌개도 끓이고 떡볶이도 만든다. 조미료 없이 맛을 내고 싶은 사람이라면 육수가 필수다. 육수는 기본적으로 자연의 재료에서 나오는 간이 있기 때문에 소금의 양을 줄여줘서 나트륨 섭취도 줄일 수 있다. 그래서 육수로 요리할 때는 레시피보다 소금과 간장의 양을 줄여서 넣어야 한다. 무엇보다 요리가 귀찮을 때 육수가 있으면 기교를 부리며 맛을 내지 않아도 뚝딱 맛난 요리가 되어서 배달음식을 줄일 수 있다.

육수 내는 법

① 큰 냄비에 물과 건어물(북어 대가리, 디포리, 마른새우, 멸치, 파뿌리, 다시마, 마른버섯, 무말랭이 등)을 넣고 끓인다.

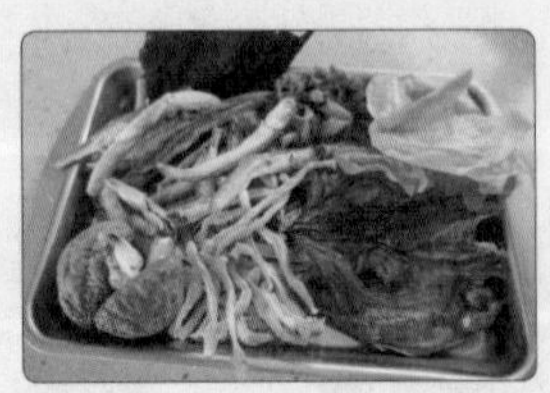

② 팔팔 끓으면 약불로 줄여서 30분간 우려낸다.

③ 식혀서 병이나 통에 담아 냉장보관한다. 양이 많으면 냉동해놓고 사용한다.

육수가 떨어졌다면? SOS 꿀팁!

① 압력솥에 멸치, 다시마, 디포리 등을 넣고 밥하듯이 끓이다가 압력추가 칙칙 움직일 때 불을 줄여 뜸들이면 금방 진한 육수를 낼 수 있다.

② 물에 멸치가루, 다시마가루, 표고버섯가루, 새우가루를 넣고 끓여서 맛을 낸다. 가루는 요리하다 중간에 넣으면 비린내가 나므로 요리 시작부터 넣고 끓여야·한다는 것에 유의하자.

말린 재료로 만든 육수용 가루

육수를 활용한 요리

떡볶이, 된장국, 김칫국, 어묵국, 생선조림, 잔치국수, 칼국수, 떡국, 북엇국, 감잣국, 수제비, 만두전골, 부대찌개 등 무한하다.

평일과 주말의 냉파는
달라야 한다

평일 냉파는 난이도가 있는 것으로! ─ 전업맘 기준

나는 식단을 짜고 냉파를 할 때 평일에는 요리하기 어려운 메뉴로, 주말에는 쉽고 냉동한 메뉴로 일주일 식단이 질리지 않도록 구성한다. 어린이집 식단표도 함께 붙여놓고 아이가 같은 날 같은 반찬을 먹지 않도록 배려한다.

직장맘은 주말에 몰아서 일해놓아야 주중 냉파가 쉽다. 주중에 먹을 밑반찬을 미리 주말에 만들어놓고, 국도 미리 만들어 냉동해두었다가 주중에 먹도록 하면서 평일에는 생선 굽기, 고기 삶기 등 조리가 쉬운 요리로 준비한다. 단, 주중에 먹는다고 너무 많이 냉동해두면 또 쌓이므로 한 끼 분량만 냉동해서 그 주에 반드시 소진하기로 하자.

아침	점심	간식	저녁
된장국(육수 활용) 채소달걀말이 김 김치	새우스파게티 수프	떡 사과즙 우유 바나나	된장국(재활용) 닭안심튀김 크랜베리멸치볶음

어제 만든 육수로 아침에 된장국을 끓이고, 냉장고에 있는 당근과 양파를 넣어서 쉽게 달걀말이를 만들어서 먹었다. 점심은 남겨놓은 스파게티소스를 활용해서 새우스파게티! 일단 개봉한 소스는 빨리 먹어야 한다. 점심은 내가 먹고 싶은 것으로 간편하게 휘리릭!

저녁은 첫째가 어린이집에서 오기 전에 밑작업을 해놓는다. 그래야 두 아들 독박육아맘도 저녁시간이 분주하지 않다. 치킨 먹고 싶다는 아들의 말에 치킨가루로 닭안심을 튀겨냈다. 이 가루는 집에서 튀겨도 배달해주는

점심으로 먹은 새우스파게티

저녁으로 먹은 닭안심튀김

치킨 맛이 나도록 해준다. 배달음식을 시켰다면 18,000원 나가는데 치킨가루 한 봉지면 정말 여러 번 튀겨낼 수 있다. 아이들은 튀김만 먹고 나는 양배추 썰어넣고 드레싱 뿌려서 케이준치킨샐러드처럼 만들어서 먹는다. 가끔은 양념치킨 소스를 만들어서 찍어 먹기도 한다.

주말은 냉장고를 비우는 최고의 시간

주부에겐 주말이 힘들다. 직장맘은 더 말할 것도 없겠지만. 첫애가 어린이집에 가지 않는 토요일은 아침부터 전쟁이다. 그래서 예전에는 주말에 외식이 많았다. 하지만 지금은 외식을 막기 위해 토요일 아침부터 정신 바짝 차린다.

외식 없이 주말을 보내려면 미리 모든 먹을거리, 소스, 간식까지 식재료들을 다 적어넣고 금토일 3일간 장 안 보고 지낼 수 있도록 메뉴를 짜놓아야 한다. 적다 보면 정말 많은 메뉴가 끊임없이 나온다.

토요일 아침, 짧고 굵게 준비할 것

토요일 아침 눈 뜨자마자 냉동실과 냉장실에서 먹을거리를 꺼낸다. 아침에 하루 먹을거리 작업을 다 해놓는다. 그래야 외식 없이 평온하게 하루가 흘러간다.

전기레인지의 불을 4개 다 켠다. 주말에 사용할 육수를 올려놓고, 마실 물을 끓인다. 아침으로 먹을 오믈렛을 만들면서 간식용 고구마도 찐다. 이렇게 동시다발로 작업한다. 냉동실에서 점심에 먹을 불고기와 간식용 옥수수를 꺼내서 녹인다. 잣과 건포도 꺼내 간식용으로 함께 담아놓는다. 두 아들이 엄청 먹기 때문에 이것저것 챙겨놓아야 한다. 이렇게 하면 과자 등 군것질거리를 안 먹게 된다. 나름 건강하게 키우려 노력 중이다. 짧고 굵게 주방에 서 있는 동안 나를 몰아친다.

토요일 오전 동시다발 집밥 요리 중

주말 아침과 간식

◆ **토요일 삼시세끼 집밥 메뉴 예시**

아침	점심	간식	저녁
시리얼 우유 채소구이 채소오믈렛 사과, 귤	어묵탕 불고기	고구마 잣, 건포도 옥수수 우유	어묵탕 짜장밥

아침은 간단히 과일시리얼, 채소오믈렛, 사과로 먹고, 점심은 아침에 꺼

내놓아 자연해동된 불고기를 볶
고, 육수에 어묵만 넣어 맛있고
쉽게 차렸다. 육수가 진해서 어묵
탕 맛을 내느라 고심할 필요가 없
기에 가능한 일이다. 육수가 심플
한 요리를 돕는다. 저녁은 남은

토요일 저녁 집밥은 간단히!

채소와 냉동해놓은 고기를 볶아 짜장밥으로 쉽게 간다. 주말은 주방에서
보내는 시간을 최소로 하는 것이 내 철칙!

	월	화	수	목
1주	과일시리얼,치즈오믈렛,롤빵	짜장밥	검은콩조림, 감자볶음	감자국, 오뎅볶음
	오뎅국, 떡국떡볶이	새우스파게티,스프	닭봉오븐구이	떡만두국
	오뎅국, 짜장밥	들깨무나물,감자조림	고등어무조림, 감자국	소고기무국,씨앗멸치볶음,
간식	바나나스무디	버터감자구이	치즈, 사과	감자튀김, 사과
2주	버섯그라탕	콩나물국, 계란말이	된장국, 콩나물무침	버섯들깨탕
	단호박샐러드,꽈리고추멸치볶음	비빔국수, 군만두	소불고기	참치마요덮밥
	콩나물국,골뱅이무침,단호박부침	닭안심튀김,된장국	버섯들깨탕,호두조림	단호박밥, 버섯전, 북어국
간식	샌드위치	떡국떡튀김	단호박죽	미니핫도그
3주	닭죽	메추리알장조림	소고기미역국	카레밥(냉동)
	메추리알장조림, 오징어볶음	비빔밥	간장떡국떡볶이	오므라이스
	무수분된장찜	소고기미역국,당면만두	해물덮밥	소불고기전골
간식	구운고구마	비빔만두	고구마맛탕	식빵피자
4주	삼치구이, 김치국	소고기장조림,북어계란국	볶음밥,시금치된장국	명란계란찜, 견과류멸치볶음
	떡갈비	떡만두국	돼지갈비구이,참치김치찌개	닭가슴살스테이크
	깐풍만두,북어계란국	김밥, 시금치된장국	돈까스돈부리	동태탕, 애호박전
간식	핫케이크	꼬치어묵	부추부침개	떡국떡강정

* 과일, 우유, 배즙은 매일
* 구입한 채소 비우면서 고기,생선먹는 식단
* 메인반찬 위주의 식단
* 멸치, 새우, 만두, 떡국떡 냉동실 터줏대감 활용

냉파하며 소량 장보는 멋진롬 집밥 한 달 식단표
(멋진롬 블로그 → 상단 memo → 자료실 폴더)

금	토	일	파먹을재료
소고기무국, 계란말이	들깨미역국,새우볶음밥	시리얼, 과일, 토스트, 오믈렛	무우
오뎅국수	우동	가자미구이, 된장국	오뎅
들깨미역국, 감자크로켓	된장국, 제육볶음	쇠고기 주먹밥, 계란찜	감자
머핀	독일식감자전	떡	
북어국, 짜장밥(냉동)	소고기갈비찜	시리얼, 과일, 토스트, 오믈렛	단호박
버섯덮밥, 순두부찌개	유부초밥	카레우동	버섯
소고기갈비찜	카레	삼계탕	콩나물
김치전	옥수수버터구이	채소팬케이크	
계란찜, 갈치구이	양배추토스트,사과	닭볶음탕	양배추
두부간장조림, 사골국	새우볶음밥	국수	두부
참치전, 사골부대찌개	닭볶음탕	돼지갈비구이	고구마
오꼬노미야끼	가래떡구이	고구마메시	
오징어무국, 애호박새우젓볶음	블루베리시리얼, 토스트, 오믈렛	잔멸치주먹밥, 시래기국	무우
오징어무국, 소고기주먹밥	돈까스	감자칼국수	돈까스
무꽁치조림	김밥전(냉동), 시래기국	떡갈비	애호박
과일샐러드	옥수수	카스텔라	

'완전 냉파'
100% 냉장고 파먹기 도전!

비우기 중급 이상 도전하자

냉장고 비우기, 외식 안 하기 프로젝트를 하다가 '완전 냉파', 즉 냉장고 완전히 파먹기 프로젝트에 도전했다. 꽉 차 있던 냉장고가 진짜 비워지기 시작한 것은 바로 이 한 달간 완전 냉파 덕분이었다. 그전에는 아무리 파먹어도 다시 채워지면서 티가 안 났다. 만약 한 달간 완전 냉파가 부담스럽다면 일주일, 이주일 짧게 기간을 정해놓고 도전해봐도 좋으리라.

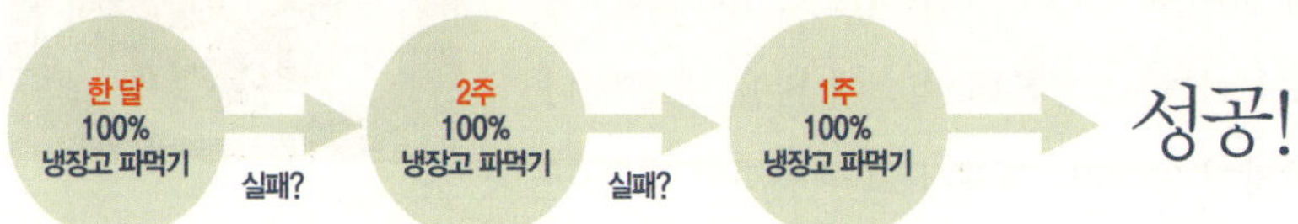

멋진롬 완전 냉파 프로젝트

* 기간 : 한 달

* 기준 : 외식 안 하고 식재료 구입하지 않으면서 냉장고 완전히 비우기

* 예외 : 쌀, 아이용 고기, 아이용 우유는 제외

* 삼시세끼 꼭 챙겨먹기

아이들 어릴 때는 잘 먹어야 한다지만 완전 냉파 기간에는 며칠 식재료가 떨어져도 괜찮다고 생각했다. 옛날에 비하면 이미 냉장고에 충분한 먹을거리들이 있으니 집에 꼭 있어야 한다는 달걀과 두부가 없어도 살아졌다. 과일도 별로 없었지만 살다 보면 어떻게 생기겠지 하고 시작했다.

그럼에도 불구하고 막상 완전 냉파를 시작해보니 집에 무슨 먹을거리들이 이리도 많은지 놀랐다. 내가 사지 않고 받은 것을 포함해 오래된 식재료까지 냉장고 속은 정말이지 차고 넘쳤다. 한 달을 목표로 냉파하자고 시작했지만 이 기간 동안에도 다 소진하지 못할 것만 같았다.

아이디어와 창의력이 샘솟는 완전 냉파 메뉴들

커피가 없다? 그러면 집에 굴러다니는 다른 차 티백을 먹으면서 지냈다. 익숙한 것이 꼭 없어도 된다는 것을 몸으로 익혀갔다. 탕수육이 먹고 싶은데 소스에 넣을 채소가 다양하게 없더라. 그래서 그냥 양파만 넣고 만

양파만 넣고 만든 버섯탕수

들었다. 고기도 없어서 김치냉장고에 있던 버섯을 튀겨서 버섯탕수로 먹고, 소스가 남아서 냉동실에 있던 군만두를 튀겨 탕수만두로 먹었다. 채소 없이 양파만 넣은 소스지만 그럴듯했다.

물러지는 바나나가 있어서 바나나케사디야를 만들자 했다. 그런데 토르티야가 없네? 직접 밀가루 반죽해서 토르티야를 만들고 계피가루를 뿌렸다. 꿀 발라서 먹었는데 맛있었다.

직접 밀가루 반죽해서 만든 바나나케사디야

또 어느 날은 샌드위치가 먹고 싶었다. 사면 안된다고 생각하니까 더 먹고 싶은 게 많아지는 것도 있다. 그런데 식빵이 없다. 우리 집엔 중력분밖에 없어서 식빵도 못 만드는데 어쩌나…… 그래서 냉동해놓은 캄파뉴와 누가 농사 지었다고 선물로 준 방울토마토, 아기치즈를 조금 꺼내놓았다. 여행 중 기내에서 챙겨온 렐리시를 뿌리고 오픈토스트로 만들어 먹었다. 와, 끝내준다!

냉동해둔 캄파뉴로 만든 오픈토스트

이번에는 냉모밀을 만들려고 돈가스, 돈부리를 위해 사놓은 쯔유를 끓여 얼리고, 메밀면 대신 냉동해놓은 우동면을 삶았다. 홍새우도 튀겨서 대파를 구워 올렸다. 냉모밀이 아닌 냉우동! 김가루가 맛의 핵심이었다.

지인에게 얻은 복숭아 통조림. 평소엔 안 먹는데 냉파하니까 해치워야 한다는 마음의 짐을 안고, 사이다도 없어서 오미자액으로 국물을 낸 다음 황도화채를 해서 먹었다. 아들이 매우 좋아했다. 이렇게 굴러다니는 재료를 하나씩 털어갈 때마다 희열을 느끼는 것이 완전 냉파의 묘미!

냉모밀이 아니라 냉우동

복숭아 통조림으로 만든 황도화채

쌓여 있는 감자를 소비하기 위해 크로켓을 만들고 안에 넣을 재료가 딱히 없어서 당근, 감자, 건포도를 넣었다. 이렇게 해먹어도 맛은 훌륭하다. 또 어느 날은 집에 하나 남은 비빔면. 그냥 먹는 건 맛이 부족하니까 양파와 파, 조금 있는 당근을 채썰어 비벼 먹으니 더 맛있다.

당근과 건포도를 넣은 감자크로켓

양파와 당근을 얹은 비빔면

아이 간식으로는 사과즙을 얼려 아이스크림으로 주었다. 그리고 잔멸치 볶을 때 아몬드만 넣었지 건포도 넣을 생각은 못했는데 건포도까지 넣으니 아들이 더 좋아한다. 와, 정말 파도 파도 끝없는 냉장고와 식재료.

냉파의 의미는 식비 절약도 있지만 오래 두면 버려지는 식재료를 말끔히 먹어서 쓰레기를 줄이는 것에도 의미가 있다. 물론 영원히 장을 안 보고 살 수는 없다. 하지만 기간을 정해놓고 파먹다 보면 계속 아이디어가 떠오르고, 사먹을 것들도 집에서 만들어 먹게 되는 기쁨을 누릴 수 있다.

만약 완전 냉파 기간을 잡아두고 목표를 달성하기 위해 노력하지 않았다면 여전히 나는 언젠가 먹겠지 하면서 계속 뒤로 미루었을 재료들을 안고

살아갔을 것이다. 마음의 짐이었던 춘장으
로 짜장을 만들었을 때의 홀가분함이란! 해
보면 다 알게 될 것이다.

다음은 냉장고를 탈탈 털어버리고 싶은 분
들을 위해 조금 체계적으로 냉파 순서를 정
리해본 것이다. 참고하길 바란다.

한 달간 완전 냉파로 드디어 끝이 보이는
냉동실

1단계 | 냉장고 정리하기(초급)

냉장고에 있는 것들을 다 꺼낸다. 이때 오래된 것들은 버리자. 냉동식품
도 유통기한이 있다. 음식 버리기가 영 꺼림칙한 분이라면 일단 한 달 안에
먹기로 목표를 정해두고, 그 기간 동안에도 여전히 손이 안 가면 과감히 버
린다. 아마 그것들은 1년이 지나도 안 먹게 될 것이다. 먹을 수 있는 것들은
다 냉장고가계부에 적자.

2단계 | 식재료 목록을 보고 식단 짜기(초급)

내가 가진 재료로만 1차로 식단을 짠다. 그리고 추가로 몇 가지 구입해서
냉장고 속 재료를 털어버릴 수 있도록 식단을 짜본다. 추가로 구입할 때 많
은 양을 사지 않도록 주의한다.

메뉴 참고

* 요리책, 블로거, 요리 앱, 온라인 어린이 식단표 등

3단계 | 사지 않고 집에 있는 재료로만 요리하기(중급/고급)

냉파를 처음 시작한 집은 꽤 오랫동안 집에 있는 재료로만 삼시세끼를 해결할 수 있을 것이다. 이 기간이 지나서 어느 정도 냉장고 속이 널널해지면 완전 냉파를 위해 기한을 정하자.

3일간 사지 않고 냉장고 완전 비우기, 일주일간 모두 비우기 등 이렇게 목표를 정해두면 아마도 무한한 아이디어가 떠오를 것이다. 요리에 대한 고정관념이 깨지기도 한다. 레시피 재료가 없으면 대체하거나 패스한다. 하다 보면 음식 맛에는 큰 이상이 없다는 것을 깨닫는다.

4단계 | 소스와 부재료를 비우기 위한 식단 짜기(초급/중급/고급)

마지막으로 집에 묵은 소스나 부재료까지 털어낼 수 있도록 메뉴를 짠다. 그리고 장을 볼 경우 '하루 1만원' 이런 식으로 소량구매를 염두에 두자. 집에 있는 재료를 활용한답시고 다른 재료를 많이 사다간 정해진 기간 안에 냉파를 하기가 힘들다.

예를 들어 사골육수가 있으면 된장국을 끓이기 위해 애호박 1개를 구입한 후 소진한다. 이렇게 모든 식단은 내가 가진 재료에서 시작해야 완전 냉파가 가능하다. 집에 없는 재료로 새로운 요리를 만들 생각은 하지 말자. 무조건 내가 가진 재료를 소진하기 위해 추가로 구입하는 것이다.

이렇게 차근차근 단계를 밟아 냉장고를 확 비워보자. 불필요한 장보기가 줄면 식비 지출도 줄어들 것이고 오늘은 뭐 해먹을지 고민하는 시간도 줄어들 것이다.

시대를 역행하는
작은 냉장고 갖기

우리 집에는 결혼 때 선물받은 700리터 양문형 냉장고와 작년에 이벤트로 받은 뚜껑형 김치냉장고가 있다. 원래 김치냉장고는 큰 게 필요 없었다. 하지만 이벤트에 당첨되어 받았으니 어쩔 수 없이 자리를 차지했는데 현재는 쌀, 채소, 김치 등을 보관 중이다. 김치냉장고는 김치 맛을 좋게 해주는 일등공신이니 당분간 함께해야 한다.

양문형 냉장고는 한 달간 완전 냉파 이후 가벼워졌다. 친정에 다녀올 때마다 냉동실이 다시 채워지지만 이제는 그나마 조금씩 주서서 다행이다. 이렇게 냉장고 비우기가 익숙해지니 내 삶에서 더 이상 냉장고가 꽉 찰 것 같지 않다. 나에게 너무 큰 냉장고, 바꾸고 싶어졌다.

'언젠가……' 하고 있다가는 그 언젠가가 오지 않을 것이다. 그래서 다 꺼냈다. 많이 비웠는데도 또다시 나온다. 정말 요술 냉장고다.

냉장고를 처분하기 위해 속에 든 것을 다 꺼냈다. 그렇게 냉파를 했는데도 여전히 재료들이 많이 나온다.

드디어 양문형 냉장고를 처분했다. 나에게 양문형 냉장고란 친정부모님처럼 소중한 작은엄마께서 선물해주신 신혼살림이다. 그래서 가격과 물건을 떠나 작은엄마께 죄송해서라도 안고 살까 했지만 그래도 나 자신에게 더 상쾌해지고 싶었다. "작은엄마, 죄송해요. 더 잘 살게요."

그리고 230리터 작은 냉장고로 바꿨다. 생각보다 작긴 한데 마음은 좋았다. 많이 비웠는데 작은 냉장고에 넣으니 꽉 차는구나.

김치냉장고 자리가 많이 비어서 냉동실에 두었던 건어물을 김치냉장고로 옮겼다. 이제 김치냉장고에는 김치 두 통, 쌀 한 통, 건어물 한 통이 있다.

새로 마련한 230리터짜리 작은 냉장고

냉장고를 작은 것으로 바꾸니 처음에는 전기세가 절약되어 좋았다. 하지만 살아보니 마음의 자유가 가장 큰 이득이었다. 아무리 비우기를 잘하는 나도 큰 냉장고의 빈 공간은 채워야 한다는 욕구가 생겼는데 자연스럽게 그 욕심이 줄었다. 쌓아둘 공간을 아예 없앤 것이다. 그리고 좁은 공간에 더 이상 쌓지 않는 방법도 터득했다.

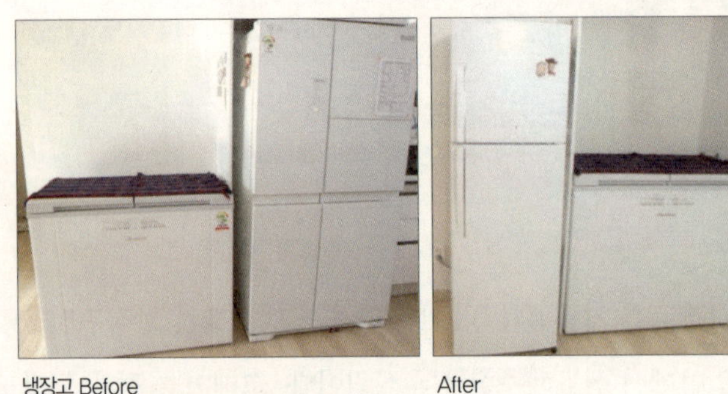

냉장고 Before   After

냉장고 더 이상 쌓이지 않게 하는 법

① 가짓수를 조금씩 산다

당근 1개, 생선 한 마리. 장을 볼 때 가격에 맞추기보다 가짓수에 맞춘다. 열 가지 1만원어치 산 것보다 바로 소진할 수 있는 두 가지를 1만원 주고 산 것이 오히려 더 잘했다고 생각한다.

② 조금만 받는다

이웃과 부모님께 받을 때 딱 한 번 먹고 치울 만큼만 받아온다. 처음에는 주는 분들이 서운해하겠지만 낭비하지 않기 위한 행동임을 반복적으로 말해서 이해시킨다.

③ 나누어 먹는다

받은 식재료가 많다 싶으면 이웃과 나누어 먹는다. 내가 가지고 있으면 시들해지고 질리지만 이웃과 나누면 서로 행복하다. 단, 좋은 것을 나누어야 의미가 있으므로 신선할 때 그날 바로 전달한다.

④ 냉파의 끝은 없다, 항상 비운다

항상 식재료 비우는 것이 우선이라고 생각한다. 냉장고가 작아졌더라도!

작은 냉장고에 음식들을 채워넣으니 한눈에 다 보인다. 오늘 무엇을 해먹을지 바로 들어온다. 너무 편하다. 물론 냉장고가계부를 작성하는 시간도 줄었다. 당분간 채소만 그때그때 장을 보면서 요리하다 보면 저 냉동실도 금방 비울 듯하다. 신난다. 양문형 냉장고의 냉동실은 칸이 나눠져서 위아래로 스캔하며 한참 찾았는데, 이제는 작은 공간 두 칸뿐이라 눈에 보이는 대로 만들어 먹을 수 있다.

작은 냉장실과 두 칸뿐인 냉동실

이것이 바로 주방의 심플라이프!

나만의 방식으로 살아간다는 것

요즘 가전제품 매장에 가보면 냉장고 신제품은 800리터, 900리터, 그 이상도 많다. 갈수록 냉장고가 거대해지는 것 같다. 시대에 역행하는 작은 냉장고로 바꾸니 사람들이 많이 걱정한다. 애들 크면 더 많이 먹을 텐데 이렇게 바꾸면 어떻게 하냐고. 하지만 나는 자신 있다. 지금도 작은 냉장고로 잘 바꿨다고 믿는다. 오히려 지금 내 목표는 김치냉장고 줄이기다. 인생 뭐 있나? 내가 결정하고 나아가는 거지!^_^

아파트마다 냉장고 넣으라고 만든 칸막이 공간, 지금은 김치냉장고를 들여놨다. 아파트에 저런 공간이 있다는 건 이미 큰 냉장고가 대중화되었다는 거겠지. 당연하다는 생각을 조금만 바꾸면 내가 진짜 편한 방식으로 살 수 있다는 것을 냉장고를 바꾸면서 느꼈다.

아이를 위한 친환경 유기농 매장

한살림이나 초록마을에서 장을 보는 것은 아이에게 친환경과 유기농으로 만든 안전한 먹을거리를 먹이고 싶어서였다. 친환경이라고 하면 비싼 것 아닌가 생각하겠지만 생각처럼 가격이 비싸지 않으면서 품질은 더 신선하고 맛있다.

더불어 장을 보면서 드는 생각은 해외 농산물이 아니라 우리 농촌의 건강한 먹을거리를 구입하면서 농촌도 함께 살릴 수 있다는 것이다. 나는 재래시장과 협동조합 매장에서 장을 보는 것이 주부가 나라를 사랑하는 방법 중 하나라고 생각한다. 조합원으로 가입해 가족 식탁도 살리고 우리 농촌도 살려보자.

한살림의 친환경 유기농 물품들

건강하고 맛있는 식품과 친환경 생활용품을 판매하는 매장은 다음과 같다. 사이트에서 집 근처 오프라인매장을 검색해서 이용하면 된다. 물론 온라인으로도 주문할 수 있다.

- **한살림** www.hansalim.or.kr
- **두레생협연합** dure-coop.or.kr
- **아이쿱생협(자연드림)** www.icoop.or.kr/coopmall
- **초록마을** www.choroc.com

친환경 농축산물 제대로 알기

친환경, 유기농, 무농약, 저농약, 무항생제 등 '친환경 농축산물 인증제도'와 관련된 용어가 많다.

먼저 **유기농산물**은 유기합성농약과 화학비료를 일체 사용하지 않고 재배한 농산물이다. **유기축산물**은 인증기준에 맞게 재배 · 생산된 유기사료를 먹여서 사육 · 생산된 축산물을 말한다.

무농약농산물은 유기합성농약은 일체 사용하지 않고 화학비료는 권장량의 1/3 이내를 사용해 재배한 농산물을 말한다. **무항생제축산물**은 항생제와 항균제 등이 첨가되지 않은 일반사료를 주며 인증기준을 지켜 사육 · 생산한 축산물이다.

저농약농산물은 화학비료는 권장량의 1/2 이내를 사용하고 농약살포 횟수는 농약안전사용기준의 1/2 이하로 재배한 농산물을 말한다. 사용시기는 농약안전사용기준의 2배수를 적용한다. 또한 제초제는 사용하지 않아야 하며 잔류농약 역시 식품의약품안전청장이 고시한 농산물의 농약잔류 허용기준의 1/2 이하여야 한다.

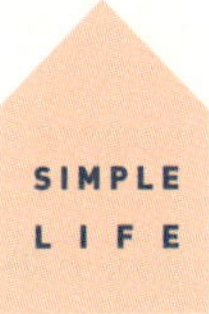

냉장고 파먹기 이후
심플해진 삶

완전 냉파 이후 필요 없어진 냉장고가계부

옷장 속에 옷이 많지만 정작 입을 게 없다며 옷을 살 때가 많았다. 하지만 설레는 옷 몇 벌만 남겼더니 코디가 편해졌다. 냉장고 식재료도 마찬가지였다. 냉장고를 비우니까 오히려 뭘 해먹을지 한눈에 쏙 보인다. 그냥 눈에 보이는 재료로 바로 만들어 먹으면 된다. 재료 선택의 폭을 줄이면서 집밥 먹는 게 더 편해졌다. 결론은 정말 엄청 삶이 심플해진다는 것! 좋다.

완전 냉파에 성공하면 냉동실과 냉장실이 확 비워진다. 그때그때 필요할 때나 일주일에 한 번 장을 보니까 더 이상 냉장고가계부를 따로 적을 필요가 없어졌다.

와, 이렇게 심플한 삶이 나에게 펼쳐지다니, 기
쁘다. 그래서 이제는 냉장고가계부를 적지 않고
장보고 나서 받은 영수증을 붙여놓는다. 아기를
데리고 있다 보니 매일 나가서 1개씩 장보는 것은
무리가 있다. 그래서 일주일에 한 번 한살림에 가
서 3만원 이내로 장을 보고(현금구매. 그 이상 넘
어가면 내려놓는다) 그 영수증을 붙여놓는 게 냉
장고가계부 대신이 되었다.

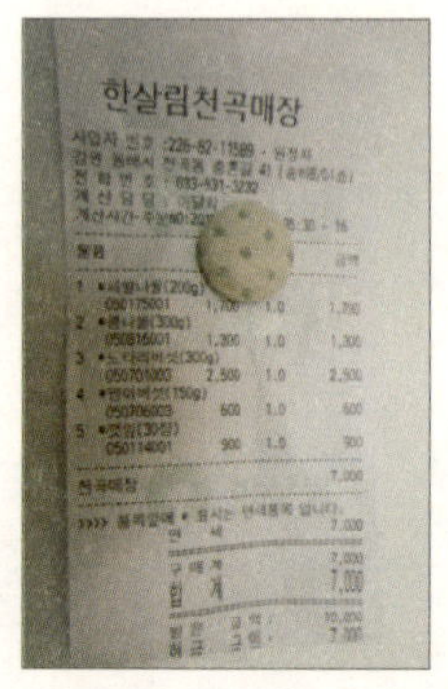

냉장고가계부를 대신하는 영수증

이렇게 우리 집 냉장고 속에는 영수증에 적힌 것이 메인재료 전부다. 냉
장고가계부 정리하는 시간이 줄었고, 그때그때 먹고 소진한 것을 지워가면
서 식단을 짠다.

음식물쓰레기도 줄고 죄책감도 줄고

자투리 채소까지 알뜰하게 요리하니 남아서 썩어나가는 재료가 줄었다.
그리고 조금씩 구입해 반찬을 만드니까 질려서 먹지 않고 버리던 음식이
줄었다. 집에 먹을 것이 많으면 먹다가 지치고, 모르고 지나쳐서 버리는 음
식물쓰레기도 많은데, 한눈에 쏙 보이는 식재료 덕분에 쓰레기가 줄어서
죄책감도 줄고 지구도 살리게 되었다.

식비가 확 줄었다

외식비가 줄어든 것은 자명한데 집에서 밥 먹으면 식비가 올라가는 것 아

니냐는 의문이 들 것이다. 하지만 결과적으로 식비도 줄었다. 냉파를 시작하면 이미 쌓인 것을 먹기 위해 장보는 횟수가 적어지고 자연스럽게 식비 지출이 줄어든다. 그리고 냉장고를 거의 비워내면 냉파 기간보다는 식비가 오르지만 냉파 이전보다는 오르지 않는다. 냉파하면서 익힌 습관 덕분에 장을 많이 봐서 버리는 재료들이 없어지기 때문이다. 사실 식비 중 많은 금액이 과하게 사서(대량구매, 1+1로) 못 먹고 버리는 것들이다.

살도 찌지 않고 건강해졌다

패스트푸드나 조미료가 들어간 음식이 아니라 육수로 맛을 내고 질 좋은 음식을 먹는다. 집밥을 먹으면서 음식이 몸에 미치는 영향이 어마어마하게 크다는 것을 체감했다. 라면, 패스트푸드로 식사를 때우면서 육아했을 때는 몸이 급격히 안 좋아지고 피부도 나빠졌다. 하지만 세 끼 잘 챙겨먹고 골고루 영양을 생각한 집밥을 먹으니 확실히 육아하면서도 컨디션 조절이 잘된다. 그리고 남기는 음식이 줄어 억지로 먹지 않고 적당량의 음식을 먹으면서 살도 찌지 않는다.

나를 사랑하게 되었다

냉장고 정리할 시간이 줄고 장보러 다니는 시간이 줄어 여유 있는 시간에 나를 위한 밥상을 차린다. 남긴 음식 대충 국에 말아 먹지 않는다. 육아맘은 밥도 잘 못 차려먹는 게 당연하다고들 하지만, 이제는 아무리 바빠도 나를 위한 식탁을 차린다. 더 이상 때우기 식의 식사를 하지 않고 골고루 잘 차려

먹으면서 나를 더 사랑하게 되었다.

예쁜 그릇에 보기 좋게 세팅하고 나를 대접한다. 아이들이 방해해도 꿋꿋하게 먹는다. 내가 나를 사랑하고 존중해야 다른 사람도 나를 존중해준다. 나를 아껴야 삶이 즐겁기에 나를 존중하는 식탁을 차린다.

나는 요즘 밥 먹을 때 행복하다. 예전에는 밥 먹는 것이 귀찮아서 알약 먹고 배부르면 얼마나 좋을까 생각했다. 하지만 이제는 아무리 바빠도 반찬 뚜껑 열고 대충 먹지 않고 제대로 차려서 먹으려고 한다. 정성스럽게 나를 위한 밥상을 차릴 때마다 엔돌핀이 솟아오른다. 작은 것에 행복하다. 그래, 이게 바로 심플한 삶이다.

때로 아들이 방해하지만 그래도 꿋꿋하게 나를 위한 식탁을 차린다.

주방에서 자유를 얻었다

냉파할 때는 있는 재료를 털어야 한다는 부담이 많았다. 저걸 두고 내가 다른 것을 사서 만들어 먹으면 버려지는 게 나오니 억지로 먹어야 한다는 부담감. 하지만 이제는 내가 먹고 싶은 것을 사서 죄책감 없이 먹을 수 있다. 나를 묶고 있던 족쇄가 풀리는 것 같다. 거창하지만 주방에서 자유를 얻었다.

주부에게 홀가분한 삶이란 꽉 찬 냉장고로부터 해방되는 일이 아닐까? 냉장고를 비우면 어떻게 될까 두려운 주부들에게 해주고 싶은 말이 있다. 음식은 약간만 있어도 된다. 굶어죽지 않는다. 그리고 자원이 넘치는 우리나라에는 친정, 시댁, 이웃 등 얻는 음식도 많다. 끝없이 먹을거리가 생기는 시대에 나까지 냉장고를 꽉 채울 필요는 없다고 생각한다.

지금 주말인데도 한가하다. 예전에 주말은 미칠 것같이 힘들었는데. 혼자서 애 둘과 긴긴 목금토일 보내는데도 이제는 더 이상 힘들지 않다. 뭐지, 이 편안함은? 애들이 어질러서 방바닥에 장난감 굴러다니는 거야 익숙하지만 냉장고에 비울 게 없어서 마음의 짐이 덜어졌나 보다. 비우면서 마음의 여유가 찾아왔다. 내 시간이 생기면 다큐멘터리나 요리영화를 보면서 뭐 해먹지 생각도 하고 이런저런 자유시간을 갖는다.

셋째
마당

월급 안에서
소비하고 저축하는 삶

지출하지 않으면
돈을 더 버는 고통도 없다

안 쓰면 월급 안에서 충분히 살 수 있다

앞에서도 잠깐 얘기했는데, 엄마 욕심에 아이들 전집을 사느라 막 지르던 시절이 있었다. 계획에 없던 지출이라 예비비(비상금)에서 꺼내 썼는데, 이를 메우기 위해 중고물품도 팔고 아르바이트도 하는 등 9만 원을 맞추는 노동을 했다.

뭐, 별일 아니네 싶겠지만, 그때 내 체력은 바닥이었던 데다가 애들까지 재우고 일하려니 너무 힘들었다. 억지로 시간을 내고는 꾸벅꾸벅 졸면서 내가 지금 뭐 하나 싶었다.

생각을 180도 바꾸는 심플라이프

무언가 구입하려고 울며 겨자 먹기로 돈을 번다는 것, 이게 얼마나 힘들고 부담되는 일인지 깨달았다. 그때 이후 소비욕을 다스리면서 돈을 더 벌려고 애쓰는 고통을 줄이려고 했던 것 같다. 지출거리가 줄어들자 가계부 정리하는 시간도 줄었고 충동구매도 줄어서 급하게 돈 들어가는 일도 없어졌다.

자아성취나 사회구성원으로서 일하며 벌어들이는 돈과 과지출한 부분을 감당하기 위해서 추가로 버는 돈은 천지 차이다. 부족하지만 기본 월급만으로 충분히 맘 편하게 살 수도 있는데, 더 더 더 소유하기 위해 벌려고 하면 지치고 힘들어진다.

그렇다고 아예 소득을 늘리지 말고 산에 들어가 살자고 말하는 건 아니다. 수입을 늘리는 데 한계가 있는 집이라면 당장의 해결책은 과소비를 줄이는 것이다. 과소비한 돈을 메우기 위해 억지로 일하는 고통은 생각보다 크다. 내가 이런 생각까지 하게 되다니. 심플라이프가 확실히 생각을 180도 바꾸게 해주는구나.

어릴 때부터 간소한 삶에 익숙해지면 나중에 편하다

아이가 어릴 때 과소비 습관을 잡아주지 않으면 성장하면서 더 많은 지출이 나갈 확률이 높다. 하지만 지금 간소한 삶에 익숙해지면 아이들이 커서도, 내가 늙어서도, 수입이 줄거나 환경이 바뀌어도 그리 힘들지 않을 것이다. 지금 간소한 삶, 적은 생활비로 사는 데 익숙해져야 나중에도 편하다.

나는 그렇게 믿는다.

그래서 '애들이 크면 돈 많이 드는데 어쩌지?' 이런 고민을 하는 대신 간소한 삶에 익숙해지기로 했다. 돈이 필요할 때가 오더라도 저축액만 줄이자, 더 벌어야 한다는 압박을 벗어던지자 생각했다. 내가 만약 일을 해서 돈을 번다면 그것은 자아성취를 위해 일하며 따라오는 보상이기를 바란다.

간소한 삶을 배우고 그것이 내 삶에 스며들게 하는 것은 중요하다. 언젠가 나도 이렇게 해야지 생각만 하면 그런 삶은 오지 않는다. 내가 지금 마음먹은 것을 하나라도 따라하고 행해야 그런 사람이 된다.

"그래,
나는 천천히 미니멀리스트가 되어가고 있다.
그렇게 물들어가고 있다고 믿는다."

쇼핑 욕구가
폭풍처럼 올라올 때

사기 전에 정리부터 시작해야지

불현듯 뭔가 사고 싶다는 욕망이 솟구칠 때가 있다. 그럴 땐 배치를 바꿔보길 권한다. 책 꽂는 위치만 바꿔도 새로 읽을 것들이 보인다. 결국 안 사고 지금 있는 것에 만족하게 된다.

한동안 새 그릇을 갖고 싶어서 인터넷을 엄청 뒤졌다. 하지만 뭔가 사기 전에 다 꺼내고 생각해봐야지. 찬장을 뒤졌다. 손이 안 닿는 곳에 있어서 안 쓰던 그릇인데 내려놓고 보니 왠지 새로 산 기분이 들었다. 결혼할 때 엄마가 물려주신 커피잔 세트. 손님 오실 때 꺼내야지 했는데 오늘부터 나를 위해 써야지. 자고로 물건은 손에 잡혀야 하니까 아래로 내려놓자.

커피잔 하나 찬장에서 내렸을 뿐인데 기분이 업그레이드되었다. 정리를 할 때마다 느끼는 것은 '역시 나에겐 많은 물건이 있구나', '아! 이런 게 있었네? 새 것처럼 사용해봐야지!' 등이다. 나중에 쓰려고 아껴둔 그릇을 꺼내보니 더 이상 그릇은 살 필요가 없다는 것을 알게 되었다. 이렇게 예쁜 게 나에게 있었는데.

그릇을 늘리고 싶던 마음이 이제 좀 잠잠해졌다. 내친김에 이불장도 들여다보니 역시 이불은 안 사도 될 것 같다. 정리 후에 충동구매가 팍 줄었다.

찬장 깊이 두고 안 쓰던 그릇을 꺼내니 새 것 같다.

사고 싶은 것과 필요한 것의 차이

정리하다 보니 몇 가지 진짜 필요한 게 있다는 것을 발견했다. 얼마 전 이유식 만들다가 태워서 냄비 하나를 버렸는데 그 후 그냥 버티고 있었다. 우리 집은 커피포트 대신 냄비를 사용하기 때문에 두루 사용할 미니냄비가 필요하다는 사실을 알았다. 그러다 원하는 사이즈와 디자인의 냄비를 발견하고 주문을 했다. 그리고 또 하나 필요한 것은 프라이팬. 우리 집은 주로 미니프라이팬을 쓰는데 2개 다 코팅이 벗겨졌다. 모두의 건강을 위해 이것 먼저 구입해야지.

내가 사고 싶은 것은 그릇과 이불이었지만, 정작 살림에 필요한 것은 냄비와 프라이팬이었구나. 그래, 사고 싶은 것과 필요한 것 둘 다 사들이면 주방은 또다시 과부하상태가 될 것이다. 필요한 것만 사야지. 이렇게 오늘도 나를 다독인다.

"가진 것이 가장 적었을 때 걱정거리도 가장 없었다.
감히 말하노니,
부족할 때보다는 풍족했을 때 더 괴로움이 많았던 것을
신은 알고 계신다."
— 테레사 수녀

소비하지 않는 습관이
최고의 재테크!

비우기를 해도 사람인지라 스멀스멀 올라오는 충동구매와 소비욕구는 딱 끊을 수가 없다. 그렇다면 짐 정리 말고 소비를 줄이는 습관은 없을까?

이것 역시 수많은 시행착오가 있었다. 소비하지 않는 습관을 들이는 과정 중 나름 효과가 있었던 것을 몇 가지 정리해보았다. 다양한 시도를 통해 열 번 소비할 것을 두 번 소비하는 것으로 바꾸어갔다.

1 | 파워블로거 경계하기

한창 파워블로거의 집과 살림을 구경하는 재미에 빠진 적이 있다. 나도 그들 따라 꾸며보겠다며 정리용기와 소품을 구입했다. 하지만 한두 개 들여놓는다고 우리 집이 그 집처럼 되지 않더라. 나 같은 사람은 그냥 비워야 깔끔해진다는 교훈을 얻었다.

파워블로거들의 블로그를 보고 있노라면 나도 막 이거저거 사고 싶어져서 쇼핑사이트 들어가서 무한검색을 하게 된다. 그래서 파워블로그 방문을 자제했다. 한동안 중독처럼 빠져들었는데 끊기 시작하니 딱! 그랬더니 자연스럽게 인테리어 소품과 주방용품을 사지 않게 되었다.

얼마 전 슬쩍 들어가봤다. 역시 따라하고 싶어져서 나도 모르게 쇼핑몰을 검색하고 있더라는……. 아! 보지 말자. 그냥 보고 넘기고 센스만 키울 수 있는 경지에 오를 때 그때 다시 보자 싶다. 그래서 요즘은 인테리어 잡지도 잘 안 본다. 나는 집에 아무것도 없는 게 차라리 예쁜 인테리어라고 생각한다.

2 | TV 시청 절제, 홈쇼핑 금지

TV 채널 사이에 홈쇼핑 방송이 끼어 있으니 너무 쉽게 홈쇼핑에 노출된다. 말들을 워낙 잘하기에 무심코 보다 보면 귀가 팔랑거린다.

예전에 홈쇼핑에서 거금을 주고 청소기를 산 적이 있다. 하지만 물건을 사용해보니 장점만 방송에 나왔고 단점은 당연히 알려주지 않더라는……. 그 단점 때문에 사용할 수가 없었다. 가지고 사느니 손해 보고라도 처분하는 게 나아서 중고나라에 판매했다.

그 뒤로 홈쇼핑 채널은 켜지도 사지도 않는다. 홈쇼핑 물건은 싸지만 정말 나에게 필요한 게 아니라면 싸게 사는 것보다 아예 안 사는 게 이득이다.

이렇듯 충동구매의 가장 큰 적은 홈쇼핑 채널이다. 채널을 삭제하거나 그냥 안 보는 것이 최고다.

물론 일반 TV도 보다 보면 연예인들이 입은 옷을 사고 싶어진다. 광고에 나오는 야식도 시키고 싶다. 아이에게 만화 프로그램 몇 번 보여줬더니 광고에 나오는 장난감을 볼 때마다 사달라고 외친다. 다시보기로 보여줄 때는 전혀 하지 않던 행동을 시작한 것이다.

이렇게 광고는 아이, 어른 할 것 없이 소비욕을 부른다. 그래서 TV도 보고 싶은 프로그램을 다시보기로 선택해서 보는 것이 좋다. TV는 적당히 절제하며 시청하는 자세가 필요하다.

3 | 온라인 구입시 무통장입금으로 시간을 벌자

요즘은 소비하기 참 쉬운 시대다. 홈쇼핑, 인터넷쇼핑, 모바일쇼핑 등 눈만 돌리면 쇼핑하라는 광고 천지. 옛날에는 무조건 밖에 나가서 직접 보고 만지며 사야 했지만 이젠 앉아서 버튼만 누르면 되니 그만큼 소비가 쉬워졌다.

꼭 사야 할 물건은 온라인과 오프라인을 비교해서 구입하는 편인데, 그러다 보면 온라인으로 사려던 물건 외에 뭔가 더 사고 싶어하는 나를 발견한다. 어떤 날은 홀린 듯 장바구니에 20만원, 30만원 막 물건을 담는다. 요즘은 카드만 등록해놓으면 휴대폰에서 곧바로 결제가 되니까 돈 쓰는 게 우습다. 편리한 세상이지만 조금은 무섭다.

그래서 되도록 쇼핑 관련 앱은 등록하지 않는다. 그리고 온라인에서 부득이하게 뭔가를 사야 할 때는 불편하지만 무통장입금을 선택한다. 그래야 한 번 더 생각해보고 결제하게 되니까.

이번 달만 해도 이거저거 자잘하게 주문해놓고 입금하지 않아서 지출하지 않은 돈이 꽤 된다. 나중에 입금해야지 하다가 잊어버리기도 한다. 그런 제품은 그만큼 급하지 않다는 뜻. 온라인 쇼핑은 충동구매가 대부분이어서 결제만 불편하게 해도 과소비를 잡아줄 수 있다.

4 | 소소한 지출은 허락하자 — 천원의 행복

식비를 아낀다고 사지 않고 버티다가 주말에 마트라도 가면 더 많은 지출을 하게 된다. 욕구는 억누르면 터진다. 사람이 돈 쓰면서 행복감을 느끼는 건 어쩔 수 없나 보다. 나도 어떤 날은 막 돈 쓰고 싶어서 안달이 난다. 그럴 때 무지출을 한답시고 강제하면 오히려 나중에 돈을 더 펑펑 쓰게 된다.

그럴 때는 차라리 하루에 라면 하나, 과일 하나 이렇게 사면서 소비하고 싶은 욕구를 풀어준다. 대형마트에 가서 왕창 사다 보면 돈을 훨씬 더 많이 쓰게 되니까.

이렇게 매일 조금씩 장을 보면 신선한 음식을 먹을 수 있고 소비욕구도 풀 수 있다. 일주일에 한 번 장보는 것과 매일 조금씩 장보는 것을 해봤는데 결과적으로 후자가 돈을 덜 쓰더라.

소비욕구를 억누르기 힘들 땐 1,000원짜리 한 장 들고 집 앞 슈퍼로 간다. 이렇게 소비에 대한 즐거움을 소소하게 풀어내는 것이 내가 소비욕을 푸는 방법이다.

5 | '당장 살 것 vs 천천히 살 것' 적어놓기

뭔가를 사고자 할 때는 당장 사야 할 것, 천천히 둘러보고 살 것을 나누어 적는다. 당장 소비가 필요한 식비, 기저귀 등은 바로 산다. 하지만 천천히 사도 될 것들은 적어놓고 안 사도 되는 이유를 추가로 적어본다. 그러다 보면 충동구매도 자제할 수 있고, 꼭 사야 하는 것으로 밝혀지면 천천히 알아본 후 마음에 쏙 드는 것을 사면 된다.

휴대폰 메모나 수첩에 필요한 것들을 써보자. 혹시 이 글을 읽고 충동구매를 막기 위한 수첩을 사려고 하는 분은 안 계시겠지. 수첩부터 덜컥 사지 마시길. 요즘

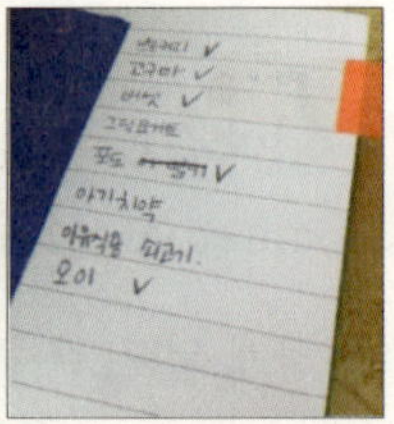

충동구매를 방지하는 목록을 적자.

은 물건이 많이 남아도는 시대이니, 기다리다 보면 남는 수첩이 생길 것이다. 그 수첩에 충동구매 방지 리스트를 써보자. 요즘 나는 소비욕구가 줄어든 터라 사야 할 것들 적으려 해도 딱히 없다는 게 감사할 뿐이다.

다음은 예전에 내가 사고 싶은 물건 리스트를 적은 후 불필요한 이유를 추가로 적은 것이다.

사지 않아도 되는 이유

* **가방** : 명품 가방은 애 데리고 다니다 망가질까 봐 못 든다. 기저귀가방은 현재 2개 있는 것으로 충분! 이건 이미 비싸게 줘서(미쳤지 ㅠ.ㅠ) 닳을 때까지 써야 한다. 지갑도 새 것이다. 또 사고 싶어하는데, 그거 허영이다.

* **에어컨** : 이사를 자주 다니는데 설치비가 20만원이 훌쩍 넘는다. 정말 비싸다. 구입비 + 전기세 + 설치비 등 에어컨은 좀도둑이다. 차라리 시원한 모시옷 입고 지내보자. 우리 집은 바닷가라 서울보다는 시원하니까!

* **젖병소독기** : 첫애 때도 삶고 잘 했으니 그냥 불편하게 살자. 아이 금방 크니까 또 짐이 될 뿐이다. 전기세와 구입비를 절약할 수 있다.

* **이불** : 여행지라 손님 온다고 이불 추가로 늘리지 말자. 그냥 없으면 없는 대로, 부족하면 부족한 대로 살자. 하루 왔다 가는 손님인데 그 사람들한테 맞추느라 이삿짐 늘리지 말자. 지금 있는 것으로 충분! 아직 3년이니 이불은 더 덮어도 된다. 디자인도 아직은 마음에 드니까!

* **7인승 이상 자동차** : 현재 끌고 다니는 건 소형차. 아이 둘은 뒷자리에 카시트로 태우고 신랑이랑 나는 앞에 타면 된다. 네 식구 꽉꽉 채워 돌아다니는 경우가 별로 없다.

* **정리용품, 수납함** : 수납함이 늘면 그만큼 짐이 늘어난다. 수납함 늘리지 말고 짐을 아예 줄이자. 냉장고 정리함도 늘리지 말고 냉장고에 있는 음식물 자체를 비우자!

* **중고옷** : 중고옷은 싸다고 막 사게 되는데 이미 옷이 많다는 것을 항상 인지하자!

이렇게 적어내려간 덕분에 소비하지 않았다. 다시 사고 싶은 생각이 떠오르면 이 수첩을 펼쳐본다. 그러면 자연스레 소비욕이 통제된다. 역시 필요 없구나 싶어진다.

6 | 쇼핑은 혼자 하기

아직 쇼핑 통제가 잘 안된다면 누군가와 함께 쇼핑하지 않는 게 상책이다. 같이 간 사람이 무언가 사면 나도 따라서 사게 된다. 그러니 되도록 혼자 가야 한다. 때로는 짠순이처럼 비추어질까 봐 일부러 지갑을 열기도 한다. 살까 말까 고민하면 사람들은 대부분 그냥 사라고 한다. 자기 돈 나가는 게 아니니까. 사지 말라고 하면 뭔가 쿨해 보이지 않고, 남이 사는 것을 보면서 대리만족하는 심리가 있어서 그런 것 같다.

하지만 소비욕구를 통제하는 중이라면 되도록 혼자 쇼핑하기로! 인간관계 끊고 살라는 것이 아니라 소비모임을 줄이라는 얘기다. 내가 과거 쇼핑에 미쳤을 때 정신 못 차리고 신발, 가방 마구잡이로 구입하려 했더니 동료가 "사지 마, 사지 마" 이렇게 냉정히 말해주었다. 그 당시엔 서운했지만 지나고 나니 고맙다.

이렇게 바른말 해주는 사람 있으면 같이 가고, 그렇지 않으면 혼자 가자. 그리고 장보러 갈 때 신랑과 함께 가면 예상치 못한 지출이 발생한다. 그래서 되도록 낮시간에 조용히 혼자 가서 적어간 것만 사고 돌아온다.

소비의 유혹을 집중적으로 차단하는 시간이 필요하다. 그래야 내 삶의 전반에 집중할 수 있다. 여기저기 정신 팔 시간에 나 자신을 분석하고 알아간 뒤에, 절약과 비우기가 익숙해지면 억지로 통제하지 않고도 적절한 소비를 할 수 있게 된다. 물론 나도 인간인지라 가끔씩 무너진다. 하지만 그럴 때마다 좌절하지 않고 다시 또 시작한다. 그러면서 점점 나아지고 있다고 믿는다.

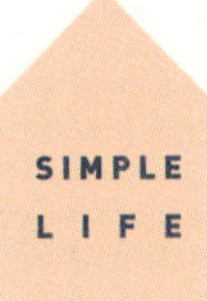

신용카드는 자르고
현금만 사용하기

"돈은 시간과 같다. 낭비하지 마라.

그러면 언제나 충분할 것이다."

— 듀크 드 레비

신용카드, 비상용이라는 핑계

조금만 신경 쓰면 줄일 수 있는 게 바로 생활비다. 하지만 신용카드가 있으면 무한대로 초과되는 것도 생활비다. 아무리 자제력이 뛰어나다고 해도 신용카드가 있으면 지르게 된다. 없애면 불안하니까 비상용으로 놔둬야지 했던 신용카드, 한 달에 한두 번은 긁게 되더라는.

나는 1년을 씨름하며 신용카드 사용횟수를 줄였다. 시간이 지나고 어느 정도 자신감이 생기자 아예 잘라버렸다. 그렇게 보낸 지 또 1년. 예전엔 신용카드 결제일이 다가오면 전전긍긍 빚진 느낌이었는데, 지금은 속 편하게 산다. 생각해보니 신용카드도 중요한 일이 생겨서 쓴 게 아니라 그냥 쓰고 싶어서 긁었던 것 같다.

신용카드 자르려면? 결제액도 갚고 비상금도 모아야

신용카드는 단번에 끊을 수 없다. 결제액도 갚아야 하고 비상금도 어느 정도 모아두어야 한다. 신용카드를 쓰는 사람은 한 달 생활비를 미리 땡겨서 쓰는 셈이다. 이 돈을 갚아야 신용카드를 자를 수 있다.

나는 보너스, 양육수당 등 부수입이 생기는 대로 신용카드 결제액을 선결제했다. 그러면 월급날 카드값 내는 돈이 줄어든다. 그렇게 몇 달 걸려 다 갚은 후 신용카드를 가위로 잘랐다.

그리고 또 하나, 신용카드가 없을 때 필요한 비상금도 따로 모아두어야 한다. 우리 집 비상금통장의 평균잔액은 200만원 정도다. 이건 집집마다 상황에 따라 다를 것이다. 이 돈으로 경조사비, 명절용돈비, 생활예비비를 충당한다. 큰돈이 나가므로 확확 줄어든다. 그럴 때마다 평균잔액을 메우지 않으면 적금을 깨거나 다시 신용카드를 쓸 수밖에 없다. 따라서 고정비, 생활비가

신용카드 자르기

빠지고 월급에서 남는 돈을 무조건 비상금통장에 넣어서 평균잔액을 맞춰 둔다.

이렇듯 신용카드를 없애려면 비상금통장 관리가 필수다. 하지만 가끔 긴장이 풀려서 비상금을 쓰게 되면 또다시 신용카드를 만들 수밖에 없게 되므로 주의하자.

신용카드를 없앤 뒤 실제로 생활비 과지출이 줄었다. 그리고 생활비는 되도록 체크카드가 아닌 현금으로 썼다. 체크카드도 써보니까 보이는 돈이 아니라서 신용카드처럼 펑펑 쓰게 된다. 하지만 현금을 들고 다니면 확실히 적게 쓴다. 쓰기 전에 줄어드는 돈이 실물로 보이니까 심리적으로 절제가 된다.

현금 들고 다니면서 어느 정도 소비를 통제하는 습관이 붙었다면 통장에 필요한 생활비만 넣어두고 체크카드를 써도 된다. 하지만 이제 막 소비통제를 결심한 초보자라면 현금으로 뽑아서 쓰기를 추천한다.

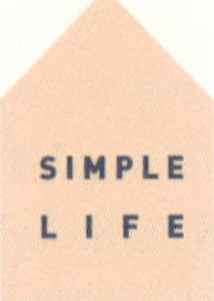

통장 쪼개기로
과소비 차단막 치기

돈에 꼬리표 달기 — 과소비 막는 첫걸음

돈은 나눠서 관리해야 과소비를 막을 수 있다. 그래서 일단 통장부터 쪼 갰다. 처음 할 때는 신랑 통장과 내 통장을 합쳐가느라 머리가 아팠지만 일

단 정리해놓으니 매달 가계부 관리가 편해졌다. 먼저 월급통 장에 월급이 도착하면 다음과 같이 4개로 빠져나가게끔 통장 을 쪼개놓았다.

4개 통장으로 쪼개기

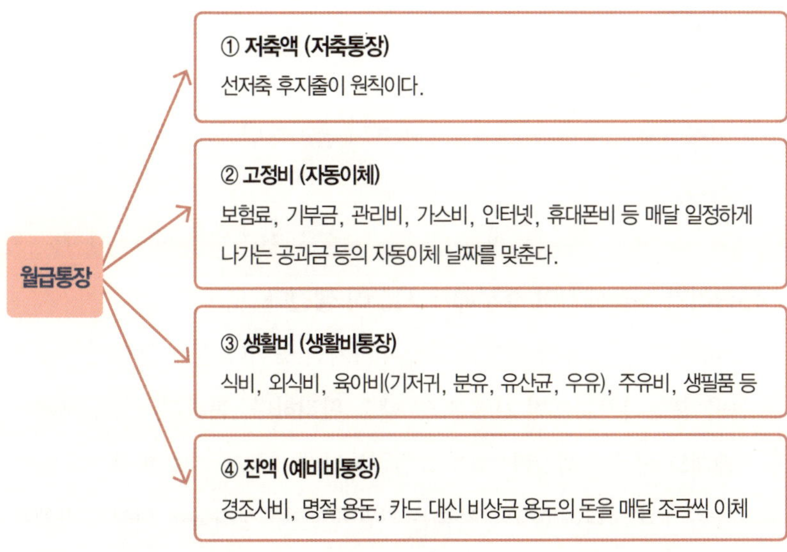

일단 월급통장에서 모든 지출이 한 방에 이루어져야 돈관리가 쉬워진다. 그 첫걸음으로 자동이체 날짜를 통일한다. 예를 들면 다음과 같다.

① 월급날이 10일이면 월급 들어오고 곧바로 빠져나가는 게 저축이다. 선저축 후지출! 생활비를 줄이더라도 저축액을 줄일 순 없다.

② 다음에 빠져나갈 것은 고정비다. 자동이체 날짜를 급여일 5일 이내로 통일시켰다. 고정지출을 빨리 인출되도록 해야 돈이 많이 남았다는 착각을 지울 수 있다. 그리고 신랑 월급통장에서 아내인 나의 보험료, 통신비까지 모든 지출이 나가도록 한다. 수입은 여러 통장으로 들어온다 해도 고정지출은 한 곳에서 몰아서 해야 가계부 정리가 쉬워진다.

③ 생활비는 월급날 바로 생활비통장으로 이체한다. 이렇게 하면 월급통
   장이 깔끔해진다.
④ 고정비와 생활비가 나가고도 잔액이 남는다면 예비비통장으로 이체
   한다.

돈관리가 심플해져야 주부에게 시간이 생긴다

정리하자면, 월급통장은 모든 지출이 나가는 곳이다. 통장을 쪼개고 필요한 돈을 분산시켜놓으면 가계부 쓸 때도 편리하다. 돈관리가 심플해져야 주부에게도 시간이 생긴다. 실제로 월급통장에서 모든 지출이 나가니까 생활비는 주 1회 정리하고 고정지출은 월말에 한 번 정리하면 되어서 가계부 잡고 있는 시간이 줄었다.

생활비 관리에 도움이 되는 기록법

나는 체크카드를 사용하지 않기 때문에 생활비 내역을 따로 기입한다. 생활비만 적는 앱(아이폰 앱의 '위플머니'. 안드로이드 앱은 '쓰기 쉬운 가계부' 추천)을 주로 사용하는데, 현금을 쓰고 바로바로 이 앱에 적어놓는다.

이렇게 앱에 남긴 기록을 토대로 나중에 가계부를 정리하면 편하다. 항목별 통계도 바로 나와서 유용하다. 식비를 누르면 내가 어디에 썼는지 줄줄 나온다. 월별로 식비를 얼마만큼 썼는지 그래프도 나와서 비교가 가능하다.

앱을 사용하는 게 익숙하지 않다면 엑셀이나 가계부, 또는 메모지에 적어내려간다. 번거로워 보이지만 손으로 직접 적다 보면 한눈에 보기도 쉽고 소비를 돌아보게 되어 씀씀이 통제에도 큰 도움이 된다.

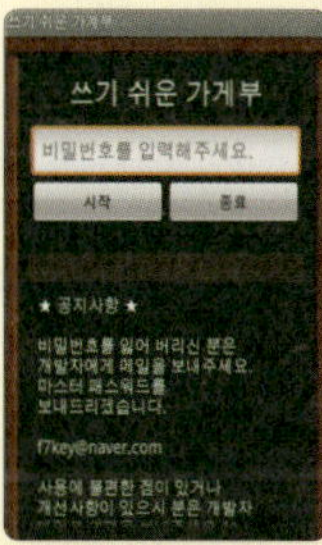

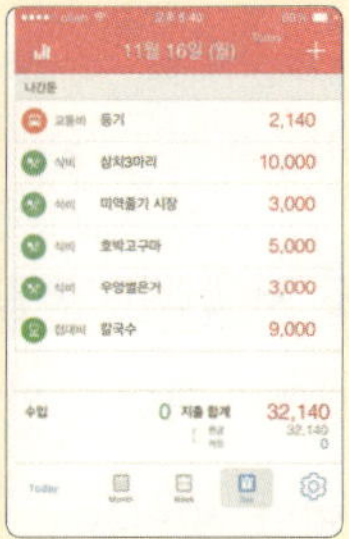

안드로이드의 '쓰기 쉬운 가계부' 아이폰의 '위플머니' 앱에 적은 생활비 내역

월말에는 가계부 정리

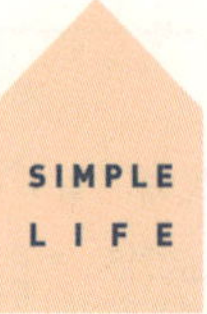

한 달 목표 생활비
정하기

생활비는 줄여도 저축액은 줄일 수 없다!

내가 생각하는 생활비 관리의 원칙은, 생활비는 줄일 수 있어도 저축액은 줄일 수 없다는 것이다. 벌이를 늘릴 수 없다면 소비를 줄이는 게 핵심이다. 따라서 매월 생활비 목표액을 정해놓고 그에 따라 지출을 통제하는 훈련이 필요하다.

신용카드 빚을 다 갚고 생활비 통제를 시작할 때 월 생활비를 80만원으로 잡았다. 보험, 통신비, 관리비 등 고정지출은 빼고 식비, 외식, 주유, 교육, 접대비 등을 생활비에 넣었다. 역시 이것도 집마다 상황에 따라 다를 것이다.

하지만 처음엔 월 생활비 80만원을 넘기기 일쑤였다. 핵심 주범은 바로 식비와 외식비. 어떻게 하면 이 비용을 줄일 수 있을까 고민하다가 자연스레 냉장고 비우기로 연결되었다. 비우면서 소비를 멈칫하기 시작했고 점차 한도에 맞추어 쓰게 되었다.

한 달 생활비 지출 목표액부터 세우자

월 생활비 80만원에 성공하자 그다음 달에는 월 생활비를 70만원으로 낮추었다. 물론 한 번에 성공하지는 못한다. 하지만 실패하더라도 월 생활비 80만원을 목표로 했을 때보다는 덜 쓰게 된다.

그렇게 얼마간 시간이 지난 후 월 생활비 70만원 달성에 성공했다. 그래서 아이 육아비까지 포함해 월 생활비를 60만원으로 잡았다. 물론 이때는 큰아들이 낮에 기저귀를 뗀 상태여서 가능했던 것 같다. 신랑의 용돈은 고정지출에서 나간다. 그리고 아이의 성장에 따라 필수 소비재 지출이 들쭉날쭉해서 목표 생활비에 성공할 때도 있고 실패할 때도 있다.

80만원 생활비 결산	
식비	297,020
외식비	110,200
교통비	90,000
육아비, 교육비	176,400
접대비	23,500
생필품비	71,440
의료비	50,000
기타	80,000
총	898,560

60만원 생활비 결산	
식비	127,090
외식비	32,000
교통비	32,300
육아비, 교육비	135,270
접대비	85,000
생필품비	52,980
자기계발	66,390
기타	80,000
총	611,030

최근에는 월 생활비 55만원에 도전했다. 물론 목표 달성은 하지 못했다. 그래도 60만원에는 못 미쳤다. 생활비를 줄이는 데 있어서 오랜 시간 실패를 반복해왔지만 그래도 처음보다는 많이 줄었다.

중요한 것은, 처음부터 너무 작은 액수의 생활비를 목표로 삼으면 스트레스와 좌절로 결국 카드를 박박 긁게 되므로 목표액을 적절하게 맞춰야 한다는 것이다. 현재 내가 쓰는 생활비에서 점차 줄여가며 익숙해져야 한다. 나도 카드를 자르고 곧바로 목표를 55만원으로 잡았다가 오히려 지출을 더 많이 했다. 이렇듯 자기 현실에 맞추어서 조금씩 줄여나가야 한다.

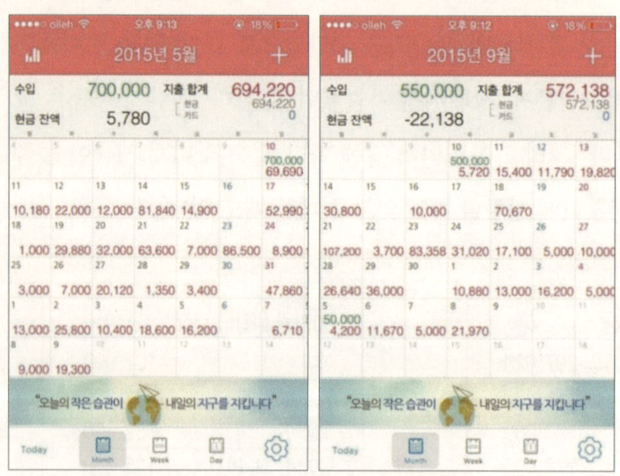

지출액이 5월달 약 70만원에서 7월달 57만원으로 줄었다.

생활비 통제 최고 방법 — 현금을 봉투에 넣어 사용하기

앞에서 신용카드를 자른 후 체크카드가 아닌 현금을 생활비로 지출한다고 얘기했다. 현금을 사용하면서 확실히 지출이 줄었다. 현금생활이 익숙해지도록 다양한 방법을 시도했는데 여러분도 참고하길 바란다.

방법 1 | 주간 단위로 나누기

봉투 4개를 준비한다. 월 생활비를 1/4로 나눈 후 1주, 2주, 3주, 4주 봉투에 나눠서 넣어놓고 쓴다. 주간에 쓰고 남은 돈은 다음 주로 넘겨서 쓰지 않고 모아두었다가 월말에 꼭 필요한 것을 구입하거나 저축한다.

방법 2 | 생활비 항목별로 나누기

예를 들어 월 생활비 중 항목별로 식비 봉투에 20만원, 육아비 봉투에 20만원, 교통비 봉투에 10만원, 잡비 봉투에 10만원씩 넣어놓고 쓴다. 이런 식으로 자신에게 맞춰서 봉투에 나눠 담아서 사용하면 지출할 때마다 현금이 줄어드는 게 보여서 신용카드나 체크카드 쓸 때보다 더 절약하게 된다.

생활비 봉투에 넣고 사용하기

방법 3 | 지갑에 있는 현금 안에서만 생활하기

개인적으로 이 방법 저 방법 다 사용해본 후 지금은 그냥 지갑에 5만원 넣고 시작한다. 그리고 그 지갑 속 현금 안에서 사용하고 다시 채워넣는다. 물론 이렇게 해도 초과할 때가 있다. 하지만 통제하면서 초과하는 것과 그냥

막 쓰다가 초과하는 것은 금액 면에서 확실히 차이
가 난다.

지갑에 있는 현금만 사용하기

　만약 온라인에서 물건을 구입할 경우에는 아예 은
행에 현금을 들고 가 이체하면서 현금생활에 익숙해
지려 노력했다. 불편하게 소비하는 시스템으로 지출
을 통제한 것이다. 그리고 현금영수증은 꼭 받는다.
연말정산을 챙겨야 하니까.

소비는 최대한 뒤로 미룰수록 좋다

　만약 주간 단위로 생활비를 정해서 사용한다면 되도록 물건은 주 후반으
로 미루었다 산다. 주 초반에 큰돈을 쓰면 정작 필요한 물건을 사야 할 때
돈이 없어서 다음 주나 다음 달 돈을 땡겨 쓰게 된다. 그렇게 되면 소비통제
는 엉망이 된다.

　살 게 있을 때 당장 급한 게 아니면 주초(월~수요일)에 사는 건 피하자.
대신 목요일 이후에 산다. 그러면 한결 여유로워진다. 또한 급한 것이 아니
라면 월초에 사지 말고 미루어두었다 월말에 산다. 예를 들어 읽고 싶은 책
은 그렇게 급하지는 않으니 가계부를 결산하는 월말에 구입한다. 한 달 동
안 수고한 나에게 주는 선물처럼.

　즉 월급이 들어왔다고 초반에 사고 싶은 것 빨리 사자는 생각으로 지출하
면 결국은 월말에 돈이 하나도 없게 된다는 말이다. 뭐든지 소비는 최대한
뒤로 미루는 게 최고다. 몇 년간의 경험에서 뼈저리게 느낀 것이다.

생활비 지출, 나만의 기준이 필요해!

생활비를 절약하기 위해 무조건 싸게 산다? 나는 별로 추천하고 싶지 않다. 이를 위해 온라인에서 가격비교를 하다 보면 엄청난 시간과 에너지가 소모된다. 피곤한 일이다. 그래서 그냥 항목별로 내가 정한 기준 안에서 소비하기로 했다. 그것이 더 건강하고 심플하게 살아가는 일이라고 생각한다. 여러분도 나름의 기준을 찾아나가길 바란다.

✓ **식비 지출 체크리스트**

☐ **대량판매하는 곳에서 구입하지 않기**

☐ **주 1회 장보기**

  (그때그때 필요한 물건은 집 앞에서 한두 개씩 구입하며 과소비 안 한다)

☐ **쌀은 좋은 것으로 사먹기**

  (싸게 파는 쌀은 맛이 없어서 집밥 의욕을 떨어뜨린다)

☐ **제철 과일과 채소 위주로 장보기**

☐ **고기는 전문점에서 그날 필요한 양만 구입하기**

  (300그램 정도 소량을 사서 신선하게 바로 소진하기)

☐ **생선은 항구에서 싱싱한 것으로 1만원 한도에서 구입하기**

  (또는 마트에서 한 마리씩 사서 바로 먹기)

☐ **유통기한 임박한 할인상품 구입하기**

  (상품의 상태를 보고 구입. 곧바로 집에서 요리해서 소진하기. 왜? 내가 사지 않으면 버려지는 쓰레기가 될 거라고 생각하니까)

✓ **의료비 지출 체크리스트**

☐ **면역력 향상에 도움되는 것 꾸준히 먹기**

(아프기 전 건강관리가 돈 버는 것! 아이들 유산균과 영양제 필수 섭취)

☐ **배즙, 대추즙, 건강즙으로 기본 체력 관리하기**

(대추생강차는 집에서 다려서)

☐ **자가면역력을 믿고 예방관리에 힘쓰기**

(감기 정도는 병원에 안 간다. 약 먹어도 2주, 약 안 먹어도 2주 아픈 것. 아주 심한 병 아니면 병원에 자주 안 간다)

✓ **의류, 미용비 지출 체크리스트**

☐ **연 1회 파마**

(파마 잘 안 풀리는 스타일이다)

☐ **계절 바뀔 때 옷 두 벌 정도 맘에 꼭 드는 것으로 구입**

(대충 사지 않고 타협하지 않고)

☐ **좋아하는 브랜드로 구입하기**

(옷가게가 워낙 많아서 다 뒤지려면 시간 없고 머리 아프다)

☐ **내 스타일에 맞는 매장 몇 곳만 정해놓고 사기**

(다른 데 뒤지는 시간을 절약)

☐ **신발은 발이 편한 것 위주로 구매하기**

(이미 있는 것 많아서 현재는 추가구매 안 하고 있다)

✓ **생필품 지출 체크리스트**

☐ 사는 데 지장 없으면 최대한 버티다 구입하기

　　(버티다 보면 어디서 생긴다)

☐ 원하는 상품을 정하고 최저가 검색하기

　　(브랜드 냄비도 매장마다 가격 다르므로)

☐ 소모품은 1개씩 사더라도 비품은 최대한 신중하게 구입하기

✓ **문화비 지출 체크리스트**

☐ 영화예매권 주는 이벤트에 응모해서 예매권 모아놓았다 영화 보기
☐ 통신사 멤버스 혜택으로 월 1회 영화 무료관람
☐ 도서관 방문, 드라이브로 스트레스 풀기
☐ 고궁, 유적지 등 무료이거나 저렴한 곳으로 나들이
☐ 지역의 무료 문화행사 참석하기

✓ **육아비 지출 체크리스트**

☐ 기저귀, 분유는 온라인몰 쿠폰 할인할 때 구입하기
☐ 중고책 활용하기
☐ 장난감은 되도록 사지 않기

✓ **외식비 지출 체크리스트**

☐ **접대할 기회가 생기면 평소 먹고 싶던 맛집 방문하기**

    (접대가 많은 우리 집이라 사람 도리 겸 외식 욕구 풀기)

✓ **교통비 지출 체크리스트**

☐ **서울 갈 때는 승용차보다 버스나 지하철 이용하기**

    (이렇게 대중교통이 잘되어 있는 도시가 없다)

☐ **주차할 땐 주차구역에**

    (불법주차해서 과태료 내면 어마어마하다)

☐ **동네에서 제일 싼 주유소에서 주유하기**

    (카드 혜택은 얼마 이상 써야 한다기에 포기)

☐ **장거리 갈 때는 동네에서 주유하고 출발하기**

    (휴게소는 비싸다)

☐ **차량 정기검진으로 미리 관리해두기**

☐ **하이패스 설치하기**

    (휴게소나 톨게이트에서 보급형 2~4만원에 설치. 지방에 자주 가는 사람은 설치하는 게 이득)

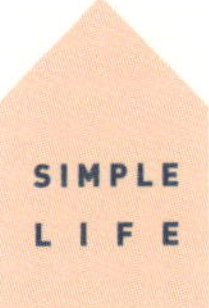

생활비 줄이기 도전!
| 무지출과 사지 않는 일주일 |

매력적인 단어 '무지출'

앞에서 완전 냉파, 즉 100% 냉장고 파먹기에 성공하려면 3일, 일주일 등 목표를 정해놓고 바짝 조이는 게 필요하다고 했다. 생활비도 마찬가지다. 나는 신혼 초부터 가계부를 적었는데, 가계부 적는다고 저절로 소비욕이 제어되지는 않았다. 그래서 정했다. 3일간, 일주일간 무지출을 해보는 건 어떨까?

가계부에 아무것도 지출하지 않은 날에는 '무지출'이라고 적었다. 그런데 이 무지출이라는 단어가 별것 아닌 듯 보여도 매력이 철철 넘친다. 하루이틀 무지출을 적다 보면 이걸 이어가고 싶어서 소비를 미루게 된다. 한 달간 무지출 횟수가 몇 번인지 통계를 내볼 때도 있다. 이 수치가 나의 소비조절 지수가 된다.

6월 11일	○	무지출	–	450,000
6월 12일	○	무지출	–	450,000
6월 13일	○	무지출	–	450,000
6월 14일	×	주차비	2,000	448,000
6월 15일	○	무지출		448,000

물론 무지출한다고 버티다가 주말에 왕창 쓰면 독이 된다. 따라서 너무 무지출에 연연할 필요는 없다. 그럼에도 불구하고 무지출을 즐기게 되면 세 번 소비할 것이 한 번으로 줄어드니까, 적절히 활용해서 소비욕 완급조절을 하면 좋을 것 같다.

연애에 밀당이 있듯이 절약도 마찬가지다. 자신을 조였다 풀었다 하고, 풀었을 때는 쉬다가 가끔씩 확 조이는 시간을 가지면서 몸에서 소비라는 중독을 털어낸다.

하루이틀 해보고 재미를 들이면 일주일도 휙 지나간다. 그 기간 동안 없는 것들을 대체할 방법에 대해서 생각해보는 시간을 갖는 것도 유익하다. 예를 들어, 주유를 미루고 가까운 거리는 걸어다닌다든지, 읽고 싶은 책을 도서관에 희망도서로 신청하고 기다린다든지 하는 식이다. 꼭 지출하지 않고도 살아갈 수 있다는 것을 배우는 시간으로 보낸다.

나와의 약속 ― 사지 않는 일주일

나는 탁상달력에 형광펜으로 '사지 않는 일주일'●이라고 쓰고 파이팅하며 지낸 적이 있다. 하루하루 기록해나가면서 아무것도 사지 않는 일주일을 경험해봤다.

물론 사지 않는 것은 무지출과 조금 다르다. 물건을 직접 사지 않아도 돈은 조금씩 계속 나간다. 교통비, 아기 진료비 등등. 그래서 사실 무지출은 성공하기 힘들다. 내 의지와 상관없이 예상치 못한 돈이 나가는 경우가 종종 있기 때문이다. 하지만 '사지 않는 일주일'은 도전해볼 만하다. 의도적으로 물건이나 식재료를 구입하지 않는 것이기에 내가 소유하지 않기로 마음만 먹으면 가능하다.

사지 않는다는 것은 생활비 내에서 안 사는 것뿐 아니라 각종 적립금, 포인트로도 사지 않는 걸 의미한다. 나는 그렇게 정하고 해봤다. 예를 들어 쇼핑 포인트가 많아서 그걸로 장을 볼 수도 있지만 내가 정한 '사지 않는 일주일'이라서 다음 주에 장을 보기로 했다. 달걀 없이 며칠을 버틸지도 궁금했다. 그리고 편의점 장보기 쿠폰 13,000원도 돈이라고 생각해서 쓰지 않았다. 그래, 한번 해보자 독하게 마음먹고 실천해보았다.

무리하지 말 것! 노력하는 데 의의를 두자

'사지 않는 일주일'을 처음 해보면 재미있다. 하지만 자주 하면 지칠 수 있

● 가네코 유키코 《사지 않는 습관》 참고.

으니까 하루이틀만 안 사고 버텨보면서 사지 않는 데 의의를 두는 게 좋다. 나는 아기가 둘이다 보니 변수가 많다. 그래도 노력하는 데 의의를 둔다.

목표한 일주일이 지난 다음에 구입하기로 결정하면서 자연스럽게 냉장고 파먹기 효과도 이어진다. 막상 일주일 뒤에 구입하려면 그 물건이 필요 없는 경우도 생긴다.

사지 않는 일주일, 이건 살림 중의 작은 이벤트다. 무분별한 소비습관이 조금씩 잡힐 수 있게 도움을 주는 이벤트. 한 달 내내 쓰지 말기, 이런 건 너무 힘들지만 일주일 도전은 해볼 만하지 않을까? 만약 초보자라면 '사지 않는 3일' 이런 식도 좋을 것이다.

나는 최근 수목금요일은 장을 보지 않았다. 냉장고가 많이 비었지만 금요일까지 짜내서 식단을 짰더니 돈을 쓰지 않고도 지낼 수 있었다. 간헐적으로 확 줄이는 기간이 끝나면 자연스럽게 습관이 잡힌다. 가계부나 탁상 달력에 무지출, 사지 않는 일주일 보내기 등을 적어서 하나씩 차근차근 도전해보길 바란다.

달력에 지출을 기록한다. 무지출, 며칠까지 가능할까?

생활비를 아껴주는 득템일지

친정에서 공수해온 음식들 덕분에 식비가 팍팍 줄던 때도 있었다. 이렇게 돈으로 환원하면 엄청난 금액이 되는 현물들이 내 가계부를 참 많이 도와준다. 내가 얼마나 풍족하게 받는 게 많은지, 통장에 찍히는 돈 말고 물건들 들어오는 것을 '득템일지'로 써보면 확 와닿는다. 이렇게 득템일지를 쓰면 내가 가진 것들을 파악하게 되고 불필요한 소비도 막을 수 있다.

- 이웃집에서 나눠줘서 먹는 음식들 → 식비 절감
- 소소한 이벤트 당첨으로 해결한 간식 → 간식비 절감
- 친정에서 받은 음식 → 식비 절감
- 행사장 방문해서 받은 휴지 → 휴지값 절약
- 돌 답례품으로 받은 사각접시 → 생필품비 절약

• 득템•부수입 내역

10/7 천연 베이킹소다, 구연산파우더 (우수후기 상품)

10/8 해피머니 1000원 (로지아이 택배 번호 입력 후 보험상담하고 받음)

10/9 카페베네 카라멜마키아또 (카페 이벤트 당첨)

10/10 동화책 새것 6권 (출판사 선물)

10/11 리빙 후라이팬, 양말1, 사탕1봉 (전화보험 가입선물)

10/12 우유2개, 빵1개

10/13 감1봉지 10개, 귤2개, 막대사탕 5개 (집에 있는 고르곤졸라 치즈 지역카페에 나누니까 받으시는 분들이 주심) 스타벅스 쿠폰 판매 1,900원 (갖고 있던 기프티콘 반값에 판매)

10/14 비빔면 1세트(_ , 껌1통(고르곤졸라 치즈 교환) , 떡5개 (신랑이 결혼답례품받음) , 중고책판매 20,000원(중고나라에 위인전집 오래된거판매)

10/15 토마토쥬스. 노트2권. 놀이 연구비 100,000원

10/16 아기부츠 (10만원가량. 체험단)

10/17 미니석류 2개(신랑)

10/18 막걸리 1병 (신랑), 묵은지 1포기(이웃집)미스트,치약1 (이벤트)

10/19 치킨,유부초밥 (옆집), 파리바게뜨빵3개(이벤트),과자(윗집)

10/20 친정-해바라기씨 2봉, 식용유 3병, 화장대, 아기중고자전거, 오징어 3마리, 빵2개, 떡,꽃소금

10/21 치킨버거+순대 기프티콘(친정부모님 애드라떼로 받음), 도미노 10,000원쿠폰(엄마 오케이캐쉬백교환)

10/22 홈플러스 5,000원권 모바일(내꺼 오케이캐쉬백 1000p교환), 바나나우유 기프티콘(카페이벤트), 양육도서 2권(이벤트)

득템일지 예시

이런저런 경로로 득템한 것들

득템일지를 적다 보면 내가 참 얻는 게 많구나 감사하게 된다. 여러분도 한번 적어 보라. 평생 적으란 건 아니고 한 달 정도 가계부 적듯이 적어보면 수입이 많아지는 듯한 느낌이 들 것이다.

고정비 줄이기
| 보험비, 통신비, 관리비, 접대비 등 |

가랑비에 옷 젖듯이 매달 고정적으로 나가는 고정비를 잡아야 손 안대고 절약이라는 코를 풀 수 있다. 고정비 1,000원 줄이는 게 나도 모르게 새나가는 지출을 잡는 지름길이다.

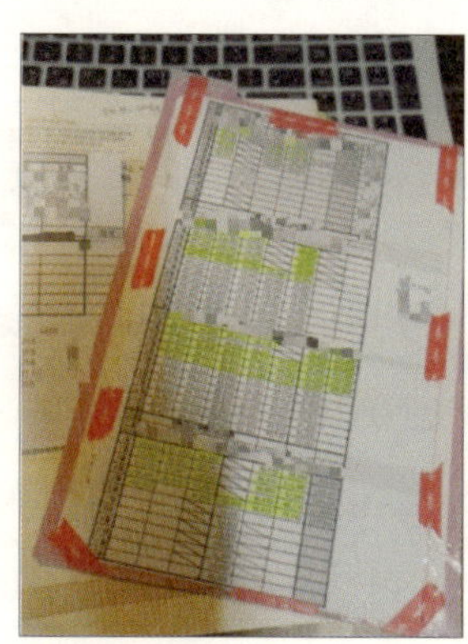

고정지출을 적는 표

신혼 때부터 고정비를 줄이기 위해 한 3년 고군분투를 한 것 같다. 신혼 때는 이런 걸 가르쳐주는 곳이 없어서 혼자 가계부를 쓰고 고지서를 보면서 연구하고 맨땅에 헤딩하듯 고정비 줄이기를 시도했다.

개인적으로 고정지출을 적는 표가 따로 있다. 매달 변동하는 금액을 보면서 자극도 받고 얼마 더 줄이면 되겠다, 어떤 점을 줄이면 되겠다 생각한다. 예전엔 이 표를 가계부에 붙여서 함께 써나갔는데 요즘은 엑셀로 통계를 내면서 쓰고 있다.

고정비 줄이기 1 | 보험료

가정에서 가장 많은 부분을 차지하는 건 보험료. 이거 낮추려고 혼자서 열심히 공부하고 뒤져봤다. 중복된 건 해지하고 필요 없는 건 과감히 해약했다.

일단 마음을 다잡아야 한다. 보험이 없으면 큰일날 듯한 마음을 보험 과잉에 대한 글을 보며 다독였다. 결론은, 보험은 과하게 드는 것보다 평소에 건강을 관리하며 최소한으로 들자는 것이었다. 보험금 타는 사람은 생각보다 적다는 것. 그래서 양가 모두 유전적 질병이 없다는 점을 감안해 보험금을 최소한으로 줄였다.

1차로 가족들 보험증서를 쫙 펴놓고 중복가입은 없는지 살펴보고, 설계사를 통하면 해지 못하게 할까 봐 직접 보험사 창구에 가서 특약 부분을 해약했다. 그렇게 해서 보험료를 월 5만원 정도 줄일 수 있었다. 1년으로 따지면 60만원 이득인 셈이다.

추가로 아이들 보험, 신랑 종신보험, 실비보험, 자동차보험, 내 종신보험도 더 찬찬히 들여다보았다. 아무리 봐도 과도해서 다시 과감하게 정리하기로 했다. 내가 가입한 카페에서 보험료 무료진단 서비스가 있어서 보험

전부를 놓고 상담을 받았다. 아이 둘 보험은 이미 가입할 때부터 최소가격에 최대보장으로 꼼꼼히 한 거라 건드릴 게 없었고, 신랑 종신보험도 이미한 번 정리한 터라 특별히 줄일 게 없었다.

마지막으로 내 종신보험. 여자는 종신보험이 그다지 필요하지 않다는 생각이 들었다. 물론 이건 개인적인 견해다. 종신보험이란 게 가장이 죽었을 때 남겨진 가족을 위한 것인데, 솔직히 살아 있을 때 혜택을 받는 게 더 이득이라고 생각해서 내 종신보험을 해약하고 실비보험으로 갈아탔다. 그리고 자동차보험도 따로 든 것을 해약하고 실비보험 안에 자동차보험 기본만 넣어서 보험료를 6만원대로 낮췄더니 월 4만원(연 48만원)의 이득을 볼 수 있었다.

물론 보험 보장은 좀 줄었다. 하지만 살면서 모든 보장을 받기는 어차피 불가능하다. 기본적으로 굵직한 것들만 혜택을 받도록 정리했다. 일반적으로 수입의 10%가 보험비로 나가면 좋다고 한다. 그래서 30만원선에 맞추었다. 현재 우리 집 4인 보험 총액은 월 299,065원이다. 기준이 없었다면 보험료가 무한대로 치솟았을 텐데 나름의 기준에 맞추어서 더 늘리지 않게 되었다.

보험을 정비하지 않았다면 월 10만원 이상 더 지출되었을 것이다. 나는 여기서 절약한 돈을 저축으로 돌렸다. 보험이 만기가 되면 돈을 돌려주니까 저축과 같다고들 말하는데 솔직히 나는 그렇게 생각하지 않는다. 내가 정한 저축의 개념은 급할 때 깨서 사용해도 손해 보지 않는 것. 그런데 보험은 다르다. 나는 보험을 소비성이라고 규정지었다. 따라서 보험 만기시 해약금은 수입으로 계산하지 않는다.

우리 집 보험 총액	299,065원
신랑 종신보험	89,810원
신랑 화재보험	64,111원
신랑 운전자보험	10,000원
멋진롬 보험	64,500원
첫째 보험	31,627원
둘째 보험	39,017원

고정비 줄이기 2 | TV, 인터넷, 휴대폰

나는 휴대폰으로 알뜰폰을 쓰고 있다. 기본료 3,000원에 월 100분 무료통화, 인터넷은 와이파이존에서만 된다. 휴대폰에서 인터넷이 안되면 불편한 시대지만 과감히 차단하고 산 지 벌써 몇 년째다. 하지만 큰 불편은 없다. 선택적 불편함? 그런 것을 난 좋아한다.

와이파이 쓰려면 집에서 사용하면 되고, 신랑이랑 같이 외출하면 신랑 휴대폰으로 확인하면 된다. 그래도 불편해지면 옛날을 생각해본다. 불과 몇 년 전만 해도 걸어다니면서 인터넷 안 하고도 잘 살았잖아? 빠름빠름 덕분에 내가 더 쪼이고 여유가 없어졌어. 좀 불편해도 여유를 누리자며 생각을 바꾼다. 그리고 개인적으로 휴대폰 욕심이 없는 편이다. 액정이 깨져도 잘 안 바꾼다. 완전히 고장나면 그때나 바꾼다.

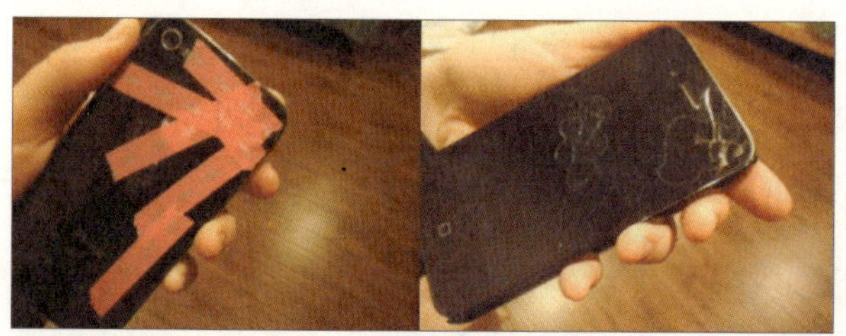

휴대폰 액정이 깨져도 고장나기 전까지는 계속 쓴다.

알뜰폰을 쓰면서 휴대폰요금을 5만원 → 3만원 → 1만원대로 줄여나갔다. 대신 신랑은 최신 스마트폰을 마음껏 쓰게 해준다. 내가 절약한다고 가족 모두를 옥죄면 안된다고 생각한다. 신랑 스스로 납득한 다음 갈아탄다고 할 때 알뜰폰으로 바꿔도 늦지 않다. 하지만 신랑 스마트폰의 부가서비스를 점검해보니 불필요한 것이 있어서 그건 해지했다. 월 1,000~3,000원이라도 약정한 1~2년간 쌓이면 태산이 된다. 고정비는 고지서를 들여다보면서 정기적으로 점검하는 것이 필요하다.

고정비 줄이기 3 | 관리비

아파트 관리비에는 가스비, 수도비, 전기세 등이 포함된다. 이거 몇 천원 더 나오면 왜 이리 속이 쓰릴까? 그래도 제일 못 줄이는 게 관리비다. 전기세 줄이려고 종일 TV도 안 켜고 인터넷도 잘 안 하고 라디오만 듣는다. 물론 낮엔 전등을 안 켜고, 화장실에 전등 나갔을 때도 그냥 몇 주 버텼다. 전기밥솥은 대기전력을 많이 차지해서 압력솥으로 밥을 해먹는다.

하지만 전기세가 더 줄지 않았다. 나는 외식 없이 집밥 먹는 여자라 주방에 머무는 시간이 많기 때문이다. 이유식 만들기, 젖병 삶기, 물 끓이기, 대추차 다리기 등 집에서 웬만한 것을 다 만들어 먹다 보니 전기 사용도 많다. 그래서 전기세가 2만원대 후반으로 나온다.

사실 고정비 중에서 관리비가 쉽게 내려가지 않아 스트레스를 받았다. 하지만 마음을 바꾸었다. 계산해보니 외식비가 과거에 비해 10만원 줄었기에 나에게는 이득이었다. 최대한 내가 아낄 것은 아끼고 써야 할 때는 다른 비용과 대비한다. 내가 지금 사용하는 것이 낭비가 아닌지 계산해보면 쉽게 이해가 된다.

고정비 줄이기 4 | 접대비, 우유 등

아파트 앞에서 우유판매원 아저씨가 간절한 눈빛을 보내기에 덥석 계약한 적이 있다. 1년 계약인데 집을 비우거나 안 먹는 때가 있어서 우유가 자꾸 쌓였다. 우유도 그때그때 필요한 만큼 사는 게 좋다. 업체에 전화해서 만료일을 알아냈고 만료가 되어 해지했다.

배달 우유만 끊어도 최소 1만원은 절약된다. 정수기 대신 매일 물을 끓여 먹으면서 정수기 임대료도 사라졌다. 이처럼 약정된 것을 끊기만 해도 자연스럽게 절약이 된다. 비데, 공기청정기, 온수기 등 없으면 안된다고 생각하는 것들을 한번쯤 없애보면 어떨까? 고민해보는 것도 좋으리라.

쓸 땐? 쓴다!

절약을 외치지만 내가 가치를 두는 것에는 쓴다. 여행, 기부, 접대비, 운동 등이 그런 항목이다. 신랑과 연애할 때부터 아동후원을 해왔다. 절약에 한참 미쳐 있을 때 신랑에게 이거 해약할까 물어봤다. 그때 신랑이 질겁하며 "No!"라고 해서 여전히 이어간다. 그때 내가 너무 돈돈거렸나 보다. 그리고 나중에 후원비를 1만원 추가했다. 푼돈을 저축하고 부업도 조금씩 하면서 추가로 더 기부할 수 있게 되었기 때문이다.

외식비나 옷값은 아끼지만 1년에 한 번 통 크게 여행 가는 것은 아까워하지 않는다. 취미로 하는 운동비도 당연히 지출한다. 예전에는 옷이나 가방, 신발 등 유형의 무언가를 남겨야 똑똑한 지출을 했다고 생각했다. 하지만 지금은 무형의 것, 보이지 않지만 내 몸과 마음에 좋은 것에 주로 투자하고 돈을 쓴다. 예를 들어 건강을 위해 좋은 식재료를 구입하고 수영장 등록해 운동하는 것은 아까워하지 않는다. 이것마저 아까워하면 나는 그냥 짠순이로 남을 테니까.

우리 집은 여행지에 있다. 그래서 친척, 친구들이 많이 찾아와 접대비가 많이 나가는 편이다. 어느 달은 한 달 식비보다 접대비가 더 많이 나갔다. 하지만 아깝지 않다. 우리 부부는 돈의 노예가 아니라 주인이다. 오히려 절약하고 싶다고 마음을 쪼아댈 때는 스트레스 받아서 못살겠더라. 여유롭게 아낄 수 있는 부분은 아끼고, 쓸 땐 팍팍 쓰면서 가치에 투자하는 사람이 되고 싶다.

월별로 새나가는 고정비를 파악하는 일은 피곤하다. 하지만 연 1~2회 정도 재점검이 필요하다. 처음에 완벽한 시스템을 구축해놓은 것 같다가도 다시 보면 또 새나가는 게 있게 마련이다.

알아두면 쏠쏠한 고정비 절약 팁

1 | 전기세

전기요금을 자동이체하거나 고지서를 이메일로 받으면 각각 할인된다. 한전 사이버지점(cyber.kepco.co.kr/ckepco)에서 신청 가능하며, 각기 할인 분야가 나뉘어 청구된다.

2 | 지방세, 자동차세

매번 지방세 명목이 다르다. 하지만 거의 매달 지방세를 납부한다. 세금고지서가 오면 뒷면을 보자. 은근히 뒷면에 쏠쏠한 정보가 많다. 절약하는 방법, 계산의 근거를 알면 이득인 정보들 말이다. 뒷면을 보고 자동이체 할인도 알게 되었다.

- 자동이체 신청시 : 고지서당 150원 할인
- 자동이체 + 이메일 고지서 신청시 : 고지서당 300원 할인 (이메일 고지서만 신청하면 혜택 없음)

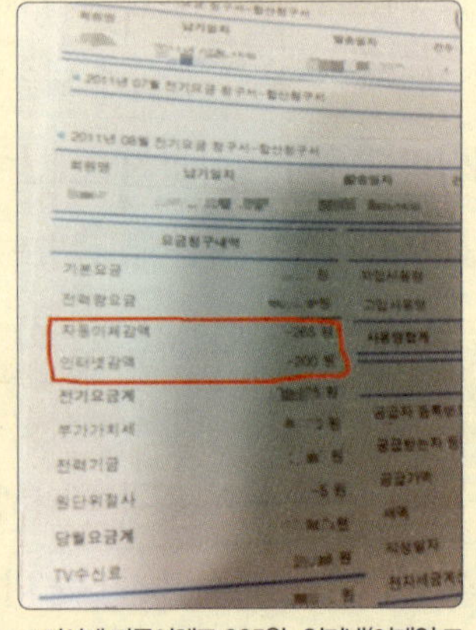

고지서에 자동이체로 265원, 인터넷(이메일 고지서) 이용으로 200원 감액이 표시되어 있다.

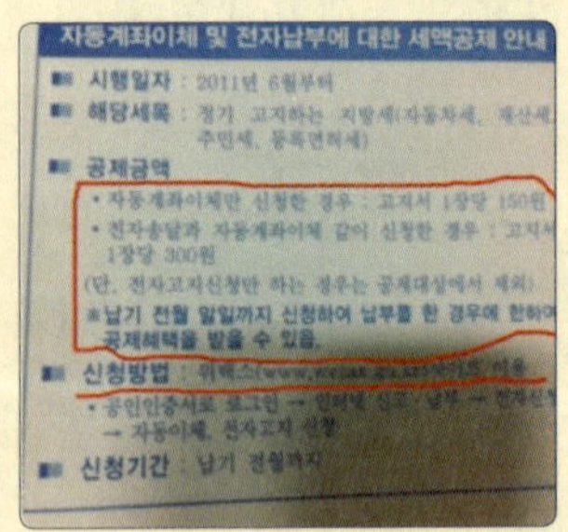

고지서 뒷면의 알뜰정보도 놓치지 말자.

자동차세(매년 6월, 12월 연 2회)는 선납하면 10% 할인을 받는다. 시·군·구청에 선납신청을 하면 10% 할인된 금액이 청구된다. 선납신청을 하고 1월 16~31일 사이에 납부하면 된다. 또한 10인승 이하 비영업용 승용·승합차 소유자가 '승용차 요일제'에 참여하면 5%가 감면된다.(장애인, 유공자 제외) 가까운 주민센터나 구청 민원창구에서 신청할 수 있다.

3 | 매년 가입하는 자동차보험, 다이렉트로 직접 가입!

자동차보험은 보험설계사를 통하
지 않고 보험사 사이트에서 직접
가입하는 다이렉트 보험을 이용
한다. 처음에는 어렵게 생각했는
데 그전에 들어 있던 보험증권을
보면서 특약과 구성을 그대로 따
라서 설정하면 되니까 그다지 어
렵지 않았다. 덕분에 작년 대비
9만원가량을 절약할 수 있었

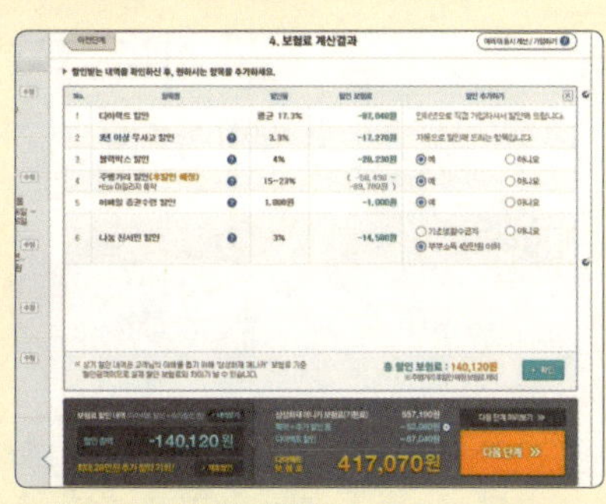

자동차보험은 다이렉트 가입 이용

다. 여러 보험사와 가격을 비교해보는 게 좋다. 추가로 블랙박스 설치 할인, 소득
에 따른 친서민 할인, 주행거리 할인 등의 혜택도 놓치지 말자!

4 | 탄소포인트 제도 — 세금도 아끼고 자연도 보호하고

이 제도는 환경부에서 추진하는 것으로, 돈을 생각해서라기보다 자연을 사랑하는
사람들이라면 꼭 가입하길 추천한다. 전기, 수도, 가스비를 작년 대비 줄이면 포인
트를 주고, 그 포인트를 상품권이나 현금, 생활용품 등으로 바꿀 수 있는 제도다.
한 번씩 상품권 받을 때 정말 기분이 좋다!

- 탄소포인트제 cpoint.or.kr/user/index.do (지방)
- 에코마일리지 ecomileage.seoul.go.kr/home (서울)

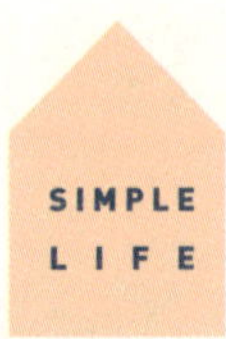

선저축 후지출!
| 돈 모아서 사는 게 자연의 법칙 |

대출 갚기가 최우선순위다

만약 대출이 많은 분이라면 일단 대출부터 갚기를 권한다. 카드이자, 대출이자 등 이자 나가는 게 제일 아깝다. 아무리 이자가 싸졌다 하지만 그 돈을 모으면 다 내 돈이 아닌가? 그러니 저축보다 대출 갚는 게 최우선순위다. 대출이 잔뜩 있는데 저축액 늘렸다고 손뼉치지 말자. 무조건 대출부터 해치우자.

멋진롬식 저축법 — 단순심플 몰빵저축

결혼하고 처음 저축한 건 1년짜리 단기적금. 왜 1년이냐면 저축액을 오

래 묶어놓으면 급전이 필요할 때 적금을 통째로 깨게 되더라. 그러면 손해
니까 1년씩 쪼개고 또 쪼개서 적금통장을 여러 개 만들었다.

그런데 예상 외로 통장 하나 만기될 때마다 시험에 든다. 푼돈 이자가 눈
에 보여서 재미있기는 하지만, 나는 보통 사람인지라 만기된 적금과 이자
를 보며 뭘 살까 이러고 있다. 누구나 마음속에 쪼임이 없으면 적금 깨는 게
쉬워진다. 이렇게 돈 쓸 재미에 빠져 있는 자신을 보며 '에잇, 차라리 다시
몰빵으로 장기간 저축하자' 생각했다. 적금은 아예 깨지 못하게 차단하고
급전은 예비비통장에 있는 것으로 충당하기로 했다.

우리 집은 내집마련, 교육비 따로 안 모은다. 그냥 통으로 적금을 하나 들
고 있다. 재테크 책을 보면 주택자금, 교육자금,
노후자금 따로 이름표를 붙이라고 한다. 하지만
나는 내 식대로 이렇게 한 묶음으로 적금을 들었
다. 그랬더니 여기저기 적금 들었을 때보다 시험
에도 안 들고 가계부 정리도 심플해졌다. 삶이
단순해졌다. 좋다, 좋아!

유일한 내 적금통장

몰빵저축 보완책 — 목적자금통장

사람마다 저축 방식은 다르다. 어떤 사람은 적금 풍차돌리기, 52주 적금
등 다양하게 하고 있는데 나는 이거저거 해봐도 안 맞고 정신만 없다. 그냥
몰빵저축 1개로 몰았다.

하지만 좀 지나서 몰빵저축 시스템을 보완하기 위해 목적자금통장을 따

로 만들었다. 단기목적에 따라서 건드리지 않고 돈을 잠시 넣어두는 통장
이다. 목적자금통장은 단기이자율도 좀 높은 통장으로 묶어놓았다.

　물론 갖고 싶은 게 많으면 적금통장 개수가 늘겠지만 생활이 심플해지니
통장도 심플해졌다. 요즘처럼 소유욕이 줄어들면 적금도 정리가 잘된다.
목적자금통장은 1년, 혹은 2년 안에 필요한 목적에 따라서 월마다 조금씩
따로 모은다. 즉 예비비 개념에서 더 발전된 형태다. 예를 들어 시아버지 환
갑 대비용으로 마련한 목적자금통장이 있다.

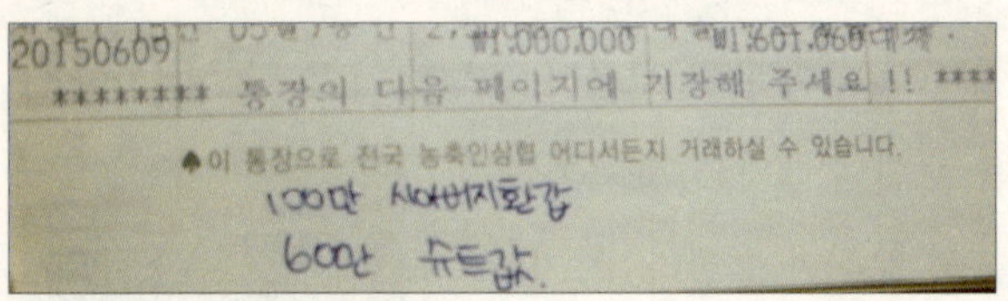

시아버지 환갑 대비용 통장

　거슬러 올라가보면 이 모든 게 카드를 없애서 가능해진 일이다. 즉 쓸 돈
을 마련한 뒤에 돈을 쓰는 시스템이 만들어진 것이다. 나도 원래 카드로 돈
쓰고 적금한 돈 깨먹기를 반복했다. 그런데 그렇게 살다 보니 저축액 증가
는 없이 제자리에서만 무한반복되었고, 결국 신랑이 결혼 전 모아둔 돈까
지 까먹고 있었다.

　카드 정리하고 → 예비비 확보하고 → 몰빵저축 + 목적적금 시작하면서
달라졌다. 여기까지 오는 데 1년 걸렸다. 갑자기 인생이 확 바뀌지는 않는
다. 준비기간 동안 저축액 늘리기에 열 올리지 않고 꾸준히 초석을 다지며

카드 없이 살아가는 시스템을 만들었다.

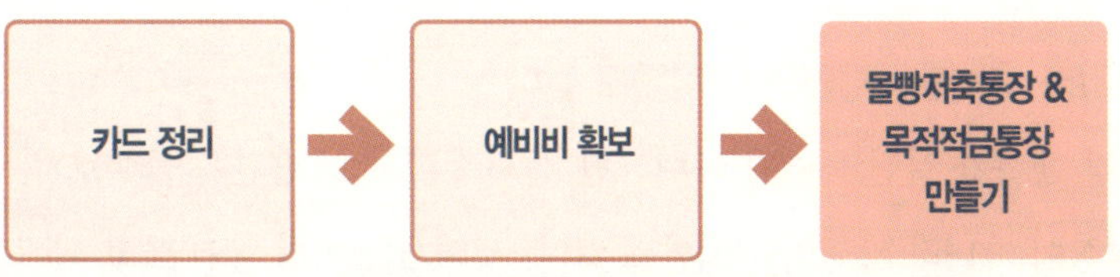

천천히 돈을 모아 꼼꼼히 고른 물건이 소중하다

시아버지는 무언가 사야 하면 목적에 맞춰서 차근차근 돈을 모은 뒤에 구입하신다. 카드를 긁거나 대출을 받을 수 있는데도 말이다. 시아버지는 승용차를 구입하실 때도 차를 구입할 돈을 꾸준히 모아서 할부 없이 구입하신다. 물론 시간이 오래 걸리지만 그동안 인내하며 불편을 감수하신다. 처음에는 그냥 카드 긁어 사시지 왜 기다리실까 했는데, 생각해보니 요즘 시대에 내가 물들었구나 싶었다. 카드 긁지 않으면 이상해진 세상.

나도 지금 돈을 모으고 있다. 노트북이 필요해서다. 대학생 때도 노트북이 너무 필요했지만 줄곧 대여해서 썼다. 도서관 가서 컴퓨터 사용하면 되니 그럭저럭 버틸 만했다. 그러다 12년 만에 결심했다. 나를 위한 투자란 생각에 돈을 모으기 시작했다. 나는 글쓰기를 좋아하고 여행도 좋아하는 사람. 노트북을 사면 여행 가서도 마음껏 글을 쓸 수 있겠지. 이렇게 뚜렷한 목적으로 돈을 모을 생각을 하니 행복해졌다.

물론 예비비를 털어서 구입할 수도 있다. 하지만 예비비를 쉽게 생각해 헐어 쓰면 모아놓은 의미가 없어진다. 노트북 마련을 위해 부수입이나 단기 알바가 생기면 통장에 저축하면서 천천히 가고 있다.

선저축 후지출, 자연의 이치와도 같다

당장 생사가 걸린 문제가 아니라면 '선저축 후지출' 습관을 들여보자. 이건 궁상이 아니라 자연의 이치와도 같다. 생태계는 미리 당겨 쓰고 뒤에 갚지 않는다. 몸에 배어버린 자연스럽지 않은 카드, 마이너스통장 등 대출 생활은 모두 청산하자.

천천히 돈 모아서 꼼꼼히 고른 제품은 더 애착이 가고 소중하기에 가치 있게 사용하게 된다. 내 안에 만연된 조급증, 빨리 사지 않으면 세상이 멸망할 것 같은 강박, 이제는 내려놓았다.

※ 이 글을 쓰고 얼마 뒤 드디어 돈을 다 모아서 노트북을 샀다. 덕분에 편리하게 원고를 마무리했다. 카드 긁어서 사는 느낌과 천지 차이다. 카드 할부로 샀다면 이 노트북이 족쇄 같았을 텐데 현금 주고 사니까 오롯이 내 것이고 갚아야 한다는 부담이 전혀 없어서 상쾌하다.

한눈에 보는
지출흐름표 작성하기

나는 공부도 그렇고 일도 그렇고 내가 직접 정리하지 않으면 잘 이해가 안된다. 가계운영도 내 스타일로 정리해서 한다. 통장은 크게 3개(급여통장, 생활비통장, 예비비통장)로 나누어 지출관리를 하므로 가계부도 3개 항목으로 나누어 관리한다. 고정비와 예비비는 수시로 지출하는 항목이 아니므로 한 번씩 몰아서 가계부에 기입하고, 평소에는 생활비 지출만 앱에 입력해놓는다.

1단계 | 앱에 생활비 적기 (지출 발생시)

생활비를 현금으로 사용하기 때문에 바로바로 적는 편이다. 체크카드를

쓰면 기록이 남지만
현금은 따로 기록이
안 남으니까 그때그
때 적으면서 잔액을
파악한다. 수시로 생
활비 통계를 보면서

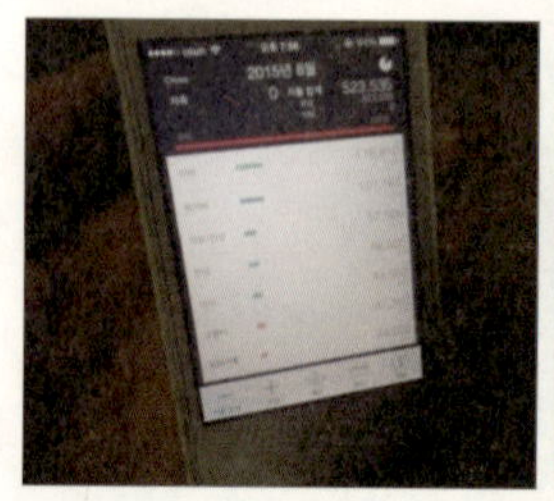

생활비 지출은 앱을 이용해 그때그때 적는다.

과지출 부분도 체크한다. 이렇게 작성한 것을 몰아서 월말에는 엑셀로 통
계를 낸다.

2단계 | 수기가계부 작성 (주 1회)

손으로 쓰는 가계부는 몸으로 확 와닿아서 좋다. 내가 이렇게 썼구나, 돈
이 새는구나 등등. 매년 가계부가 한 권씩 쌓일 때마다 뿌듯하다. 매일 가계
부에 적으면 좋겠지만 하루하루 바쁜 생활의 연속이다. 따라서 며칠에 한
번, 또는 일주일에 한 번 앱에 적어둔 것들을 수기가계부에 옮기고, 통장에
찍힌 고정지출과 예비비에서 갑작스럽게 지출한 내용을 정리한다. 지출이
줄어들수록 옮겨적는 수고가 준다.

매년 쌓여가는 수기가계부

3단계 | 엑셀로 가계부 통계 내기 (월 1회)

한 달에 한 번 말일에 엑셀로 통계를 낸다. 수입과 고정비 지출, 생활비 지출, 예비비 지출, 이렇게 4개 영역을 나누어 결산을 한다. 처음부터 이 항목별로 통장을 나누면(월급통장, 저축통장, 생활비통장, 예비비통장) 생활비 통제가 쉬워진다.

수입		수입	1월	2월	3월	4월	5월	6월	7월	8월	9월	10월	11월	12월	합계
수입		급여	10,000												10,000
		양육수당													−
		부수입													−
		합계	10,000	−										−	10,000
지출		**지출**	**1월**	**2월**	**3월**	**4월**	**5월**	**6월**	**7월**	**8월**	**9월**	**10월**	**11월**	**12월**	**합계**
고정지출	정기저금	적금	6,000												6,000
		적금													−
		저금													−
	기부	십일조													−
		기부													−
	보험	신랑보험													−
		아내보험													−
		첫째보험													−
		둘째보험													−
	주거비	관리비													−
		가스비													−
	통신비	인터넷													−
		신랑폰													−
		아내폰													−
		합계	6,000	−	−	−	−	−	−	−	−	−	−	−	6,000
생활비		식비	600												600
		접대비													−
		외식비													−
		육아비													−
		교통비													−
		헌금													−
		의류													−
		문화생활													−
		생필품													−
		의료건강													−
		교육비													−
		전집구입													−
		합계	600	−	−	−	−	−	−	−	−	−	−	−	600
예비비		추가예금													−
		경조비	500													500
		세금													−
		합계	500	−	−	−	−	−	−	−	−	−	−	−	500
총합계															
	수입-고정지출-생활비=예비비저금		3,400	−	−	−	−	−	−	−	−	−	−	−	3,400
	수입-고정지출-생활비-예비비=총지출=예비비잔액		2,900	−	−	−	−	−	−	−	−	−	−	−	2,900

엑셀 가계부 있는 곳 : 멋진롬 블로그 → 상단 memo → 자료실 폴더

A 부분은 고정비 지출로, 가계부 또는 통장에 찍힌 내역을 옮겨적으면 된다. B 부분은 생활비 지출로, 그때그때 휴대폰 앱에 적어둔 내역을 통계 내서 옮겨적는다. C 부분은 예비비 내역을 알 수 있는 부분이다.

처음 하는 분들은 내 방식이 어렵고 번거로워 보일 수도 있다. 만약 바쁘다면 1단계(앱에 지출액 적기)나 2단계(수기가계부 쓰기) 중 하나는 생략해도 좋을 것이다. 하지만 엑셀을 사용하든 다른 도구를 사용하든 그 달의 씀씀이를 통계 내는 결산 과정은 중요하다. 매달 지출을 한눈에 살펴볼 수 있는 형식을 만들어두어야 이번 달에 어디에 많이 썼는지, 앞으로 어떻게 줄일지 파악할 수 있기 때문이다.

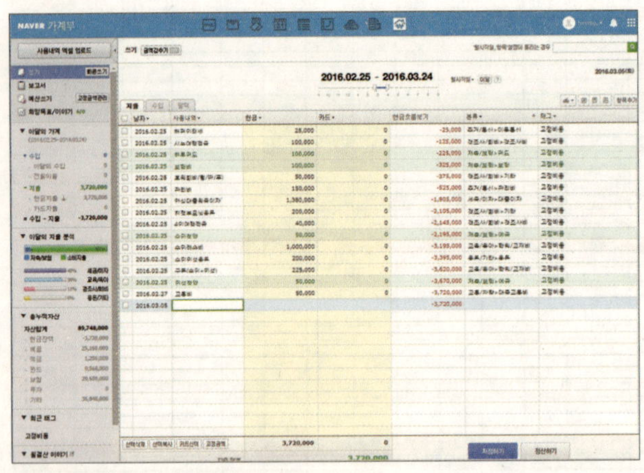

바쁜 직장맘에게는 네이버가계부 추천

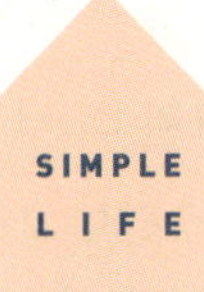

미니멀리스트의 저축과 투자는
어떤 모습일까?

처음 신혼살림을 꾸리고 가계부를 쓰면서 돈을 모을 땐 당장 땅 사고 펀드투자하고 주식투자로 돈을 불려야겠다는 생각만 가득했다. 아, 그런데 지금 당장 투자할 목돈이 없네? 그래, 목돈을 모으기 전까지 돈관리 능력부터 키우자. 그러려면 내가 지금 재산이 얼마나 있는지 파악부터 한 후 몇 년간 돈을 얼마나 저축할지 목표를 정해야겠지. 이렇게 생각을 정리하고는 나만의 원칙을 세웠다.

첫째, 목돈마련 전에는 투자하지 말자.

둘째, 돈관리 습관이 서기 전까지는 남들 따라 투자하지 말자.

셋째, 빚내서 투자하지 말고 여윳돈으로 투자하자.

지금 내 상황에 충실하자는 게 결론. 내가 할 일은 수입이 늘어난다 해도 생활비를 늘리지 않고 이미 정한 금액 안에서 살아가는 습관을 들이는 것이다. 급여가 10만원 오르면 10만원 더 저축하면서, 일확천금 노리는 삶이 아닌 소박하지만 꾸준히 저축하는 삶을 살기로 했다.

저축을 할 때도 구체적인 목표를 정하는 게 좋다. 몇 년까지 얼마를 모으겠다는 식의 목표 말이다. 이런 것 없이 그냥 돈을 모으면 막연해진다. 적금도 그냥 쉽게 깨서 쓰게 된다.

◆ **멋진롬의 저축 목표**

2020년까지 1억 모으기					
연도	**월적금**	**개월**	**저축액**	**나이**	**예상되는 변화**
2015			52,000,000	32세	
2016	800,000	12	9,600,000	33세	
2017	800,000	12	9,600,000	34세	
2018	800,000	12	9,600,000	35세	셋째 출산
2019	800,000	12	9,600,000	36세	첫애 초등 입학
2020	800,000	12	9,600,000	37세	
	합계		100,000,000		

내 저축 목표는 '2020년까지 1억 모으기'다. 이것을 위해서 매월 또는 1년에 얼마씩 모아야 할지 구체적으로 정한다. 그러면 좀더 뚜렷한 목표가 생

겨서 저축할 때도 활력이 생긴다. 매월 똑같은 금액을 못 넣으면 다음 달에 보너스 받아서 채우려고 노력하고, 목표한 날을 하루라도 빨리 이루고 싶어서 부수입 생기면 추가로 저축하게 된다.

내가 돈을 모으는 이유

나에게 투자란 2020년까지 1억원의 목돈을 마련한 뒤부터 시작되는 것이다. 그리고 목돈을 마련하는 그 시간 동안 나중에 어떻게 투자할지 공부하고 있다. 부동산 책도 보고 경매 책도 보면서 천천히 꾸준히 알아가는 것, 조급한 투자 말고 신중한 투자를 위해 차근차근 준비하는 것이다.

지금은 사실 크게 돈 욕심은 없다. 심플한 삶을 살면서 돈 욕심도 자연스레 사라진 듯하다. 하지만 돈은 필요한 것. 그렇다고 투자에 온 정신을 팔아가며 살진 않겠다. 마음과 몸이 여유로워지기 위해 부담없이 좋은 꿈을 꾸고 가진 돈을 어떻게 쓸지 생각하고 싶다. 평범한 미니멀리스트지만 저축과 재테크 계획은 놓치지 않고 조용히 돈에 대한 생각을 정리하며 저축 계획을 세워본다.

다음 쪽의 메모는 지난여름에 쓴 것이다. 돈에 대해 과욕을 부리지 말 것, 이제는 나도 돈을 잘 관리할 수 있겠다는 자신감 등이 내용이다.

내가 돈을 모으는 이유는 신랑의 빠른 은퇴를 돕고 싶어서다. 가족을 부양하기 위해 돈 벌러 나가는 것이 아니라 부담없이 자아성취를 위해 좋아하는 일을 선택할 수 있는 발판을 마련해주고 싶다. 내가 꿈꾸는 삶을 신랑에게도 만들어주고 싶다. 이렇게 신랑이 벌어다 준 월급에서 과소비하지 않고 심플한 살림을 하는 것이 내가 지금 할 수 있는 최선의 재테크라고 생각하며, 목돈이 마련되기 전까지 천천히 준비하며 살련다.

"적게 가지고도 잘 꾸려나간다면

부자들도 우러러볼 것이다."

― 소크라테스

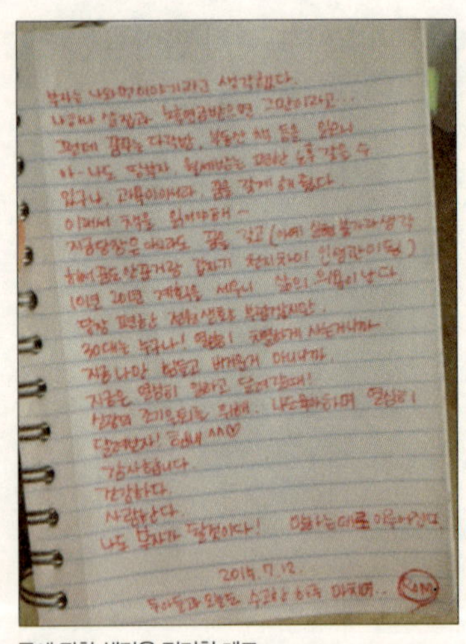

돈에 관한 생각을 정리한 메모

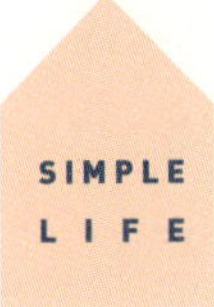

비교는 삶의 질을
떨어뜨린다

다른 집과 가계부 비교, 좌절을 경험하다

다른 집의 가계부 결산한 것을 보았다. 저축액이 수입의 60~80%를 달성했다는 내용이었다. 아, 나도 더 분발해서 저축액 높여봐야지. 그런데 그 집은 월급이 워낙 많아서 저축을 80% 해도 남는 돈이 내 생활비보다 많네? 아, 정말 대단한 분이구나. 돈이 그렇게 많은데도 펑펑 안 쓰고 저축을 하다니. 처음에는 높은 저축률을 따라가려고 나도 노력했다. 나름 압박도 받았다. 하지만 실제 월급 액수를 보니 생전 남과 비교하며 기죽은 적이 없던 내가 소심해졌다.

높은 곳을 향한 비교는 삶의 질을 떨어뜨린다. 물론 비교하면서 자극을 받는 분도 있을 것이다. 하지만 비교하는 것 자체가 나와는 맞지 않는다. 무엇보다 비교하면서 나 자신이 행복하지 않다. 이렇게 몇 번 남들 가계부 엿보다가 좌절한 후 아예 귀도 닫고 눈도 닫아버렸다.

"신경 쓰지 마,

자신의 삶에 집중하라고!"

많이 버는 게 정말 행복일까? 많이 버는 사람이 꼭 돈을 많이 모을까? 우리 집보다 수입이 3배 정도 많은 집이 있었다. 그런데 희한하게도 자기 소유의 집에서 살지 않았고 마이너스통장도 있었다. 저축액이 꼭 수입에 비례하는 것도 아니라는 생각이 들었다. 아이고, 그만! 위든 아래든 다른 사람과 비교하지 말고 내 삶의 긍정적인 부분에 집중하자.

우리 집은 매달 월급이 제날짜에 들어오잖아? 감사하자. 나는 작지만 고정수입 덕분에 미래 계획을 짤 수 있어서 좋으니까. 이렇게 내가 갖고 있는 장점만 생각하려고 한다.

결혼, 저마다 다른 출발선

결혼할 때 나와는 출발이 다른 친구들이 있었다. 집을 받고 가게를 받고 시작한다. 사실 그렇게 재산을 물려받고 시작하는 것은 완전 행운이다. 하지만 우리 부부는 독립적인 마인드라서 크게 부러워하지는 않는다. 자신의 삶은 자신의 것이므로 부모에게 의지하지 말고 스스로 벌고, 열심히 일해서 땀 흘린 대가로 사는 것이 맞다고 본다. 우리 둘 다 이런 마음이라서 다행이다. 어차피 쉽게 들어온 돈은 쉽게 나가지 않던가?

없는 사람의 합리화라고 해도 상관없다. 어차피 인생은 내가 어떤 마음을 먹고 사는지에 따라서 삶도 그렇게 보이니까.

결혼하면서 많은 재산을 물려받은 친구가 나에게 말했다. "그 월급으로 어떻게 애 둘을 키워? 나 같음 애를 못 낳겠다."

헉! 아이를 키우는 데 돈이 들어가는 것은 맞다. 한 생명이 자라는 것이니. 하지만 돈으로만 아이를 키울 수는 없다. 돈을 많이 들여야 잘 크는 것도 아니다. 어마어마하게 돈이 많은 집이나 고위공직자들이 나쁜 비리는 더 많이 저지르더라. 좀도둑만 나쁜 게 아니다. 배웠다는 사람, 이미 가진 게 많은 사람이 더 가지려고 머리 쓰는 게 나쁜 거지.

우리 친정은 돈이 많지 않지만 화목했다. 나는 이것이 부모가 물려주신 최고의 유산이라고 자부한다. 많이 가져야만 잘사는 것이고 행복한 것일까? 정신적으로 공허하다면 물질 많은 게 무슨 자랑일까?

나는 행복하고 싶다. 그래서 소유에 대한 개념을 재정비했다. 지금 당신은 이웃의 연봉과 비교하고 시작점이 달라서 좌절하는가? 그렇다면 나를 보고 힘을 내기를 바란다. 우리 집은 물려받은 집도 없고 월급은 외벌이에 200만원대 초반이다. 하지만 나는 부족함도 없고 행복하다. 충분히 만족하며 넉넉한 삶이라고 생각한다. 주변에 인색하지도 않고 저축도 하고 나름 잘 먹고 잘 놀고 잘살고 있다.

하지만 가끔 가까운 친구들을 보면서 나보다 많은 월급과 재산을 가진 것에 주눅이 들 때가 있다. 그럴 때마다 생각을 바꿔보려고 노력한다. 그래, 넌 그렇게 살아. 그건 내 삶이 아닌 거야. 재벌가 사람들의 이야기가 남 일이듯 친구네 사정도 그냥 남의 일인 것이다. 비교할 필요도 주눅들 필요도 없다.

이젠
바쁘지 않아

바쁨은 선택이다

20대의 내 모습을 떠올리면 엄청 분주하고 바쁘고 욕심이 많았다. 친구들이 도플갱어가 하나 있는 것 아니냐고 할 정도로 여기저기서 많은 일을 했다.

대학생 때 나는 학기 중에는 교수님의 조교로 일하고 오전에는 수영, 수업, 임원 활동을 하며 장학금을 위해서 열공했다. 방학 때는 자격증을 1개씩 취득했으며 배낭여행까지 했다. 그리고 대학 내내 연애를 했고 취업 후에는 영어 공부, 야근, 매일 저녁 일정을 짜서 지인들을 만났다. 그래서 내가 얻은 것은 과수석 졸업장과 지금은 다 잊어먹은 기술 자격증, 그리고 체력 저하다. 다이어리는 빼곡했고 바쁜 게 자랑이었다. 나 바빠, 하지만 널 만나는 시간은 빼볼게, 이런 식이었다.

그러다 결혼하고 서울을 떠나면서 드디어 진정한 휴식이란 것을 맛보았다. 결혼 전에는 휴식이라는 이름으로 떠난 배낭여행에서도 참 많이 바빴다. 결혼하고 지방에 내려오니 신랑밖에 아는 사람이 없었고, 일도 하지 않았다. 자전거를 타고 동네 한 바퀴 돌고 장보는 일이 전부여서 심심하긴 했지만 진정 꿀맛이었다.

서울에 가면 교수님이나 선배, 후배들이 뭐 하는 거냐며 왜 그렇게 정체하고 있냐며 자극했다. 하지만 나는 자신 있게 말했다. "지금 안 바빠서 너무 좋아요." 그러면 사람들이 이상한 눈빛으로 본다. 너는 발전적이지 못하다, 너는 도태될 것이다, 너는 열정적이지 못하다는 눈빛과 말투.

나는 심심함을 선택했다

나는 매일 야근하던 일터를 떠난 것에 너무나 감사한다. 거기 계속 있었으면 병 걸렸을 것 같다. 매일 저녁 사람을 만나는 스케줄? 다시 하라면 못 한다. 안 한다. 서울에 가면 친구들에게 연락할 때 조심스럽다. "바쁘지?"라고 시작해서 언제 시간 되냐고 물어야 한다. 예전에 친구들이 나에게 그렇게 물었으니까. 하지만 지금 누군가 우리 집에 온다고 하면 나는 "안 바빠, 언제든 와" 얘기한다. 그래서들 우리 집으로 휴가를 많이 오나? ㅋㅋ

한창 바쁠 때는 많은 사람을 만나고 인간관계도 폭넓은 것 같았지만, 사람을 만나는 것도 일이 되니까 허공에 붕 뜬 관계가 되었다. 나는 지금 안 바빠서 사람들 관계에서 열려 있다. 내가 안 바쁜 것이 인생에서 정체하는 것일까? No! 제일 마음에 드는 활동만 선택하고 가장 중요한 것에만 소비하다 보니 지출이 줄어서 가계부 쓰는 시간도 줄었다. 살림을 줄이자 소모적인 가사활동이 줄었고 소비적 만남을 줄이자 피곤하지 않아서 가끔 만나는 사람에게 더 관심을 갖게 되었다.

그리고 충분히 남는 시간에 좋아하는 다큐멘터리를 보고, 책을 읽고, 아이와 산책하며 건강한 집밥을 만들어 먹는다. 나는 정체하지 않았다. 천천히 살아갈 뿐이다. 산책도 마음껏 할 수 있고 둘째랑 낮에 거실에서 뒹굴거리기도 한다. 그렇다고 내가 게으른가? 그것 역시 아니다. 쇼핑할 시간을 쓸 필요가 없고 집 정리할 시간도 줄고 허공에 떠다니는 수다를 줄이면서 내 시간이 많아져서 상대적으로 심심해 보일 뿐이다.

친정엄마가 봄에 열심히 뜯어 만들어주신 쑥떡과 오미자차는 육아 중 기분 좋게 챙겨먹는 내 간식이다. 이제 쇼핑은 더 이상 나에게 기분전환이 되지 않는다. 소소한 즐거움을 찾아서 그것을 음미할 때마다 행복이 잔잔하게 스며들며 오래 지속된다.

넷째 마당

육아는
돈으로 해결할 수 없어

육아맘을
선택하다

살림과 육아는 전문적인 영역!

삶은 선택의 연속이다. 나는 워킹맘이 아닌 육아맘을 선택했다. 결혼 전에는 일 욕심이 참 많았다. 스물일곱살에 지역아동센터를 세우고 센터장을 하면서 누구보다 워커홀릭이었다. 대학교 4년 내내 장학금 받으면서 공부 욕심도 부렸다. 일과 대학원을 병행하면서 쭈욱 공부할 거라고 생각했다. 그런 내가 전업주부가 되었다.

지금 생각해보니 20대에는 후회 없이 공부하고 여행하고 일한 것 같다. 그래서 그런 날들을 뒤로하고 새롭게 열정을 쏟아부을 곳으로 집을 선택한 건 아닐까?

아이들이 좋고 교사가 되고 싶어서 아동학을 전공했다. 그런데 교사의 삶도 중요하지만 내 아이부터 잘 키워야겠다는 생각이 들었다. 아이에게 가장 중요한 것은 부모와 갖는 애착이다. 엄마가 되면서 영아기에는 아이에게 집중하기로 결심했다. 무엇보다도 나는 일과 살림을 둘 다 잘해내기 힘든 저질 체력을 가졌다. 그래서 둘 중 하나에 집중하기 위해서 전업주부를 택한 것이다.

나는 일도 좋아하고 공부도 좋아한다. 그래서 지금도 꼬물꼬물 커리어우먼의 모습이 올라온다. 아주 가끔은 내가 왜 여기 있는지 생각한다. 그럴 때마다 다독인다. 아직 난 일도 공부도 포기하지 않았다고. 다만 지금은 개구리가 뛰어오르기 직전 움츠린 시기라고 생각한다. 나는 결혼한 여자이고 가정의 초석을 단단하게 세워야 하는 사람이다. 지금은 아이들과 함께 시간을 보내며 육아에 집중해야 한다.

단, 흘러가는 대로 살지는 않으리라 결심했다. 지금 내가 맡은 주부란 일을 잘 해내야 나중에 다른 일도 잘할 수 있으리라 믿는다. 모든 일은 연결된다지. 살림과 육아에 보낸 시간이 경험과 노하우로 내 몸에 배게 하리라. 이 시간을 겪어보지 않은 사람은 잘 모르는 시간과 경험들을 새겨야지.

커리어우먼이 일하면서 업무의 노하우를 쌓아가듯 나는 이 어마어마한 전업주부 생활을 통해 삶의 노하우를 쌓아가리라. 현재를 즐기자. 육아맘을 선택했으니 더 이상 후회하거나 갈팡질팡하지 말고 뒤처질까 조급해하지 않으면서 제대로 살아보자.

살면서 시급한 일보다 중요한 일을 해야 한다. 돈 벌어서 저축하는 일도 급하지만 아이를 키우고 살림을 익히는 게 중요하다고 생각해 이렇게 산다. 우리 인생은 길다. 하지만 아이가 크는 시간은 너무 빠르게 지나간다. 나는 지금 육아에 초점을 맞춰서 살고 있다. 아이의 눈빛, 하루하루 변하는 모습을 보는 건 엄마의 특권이다. 이 순간에 감사한다.

아이가 크는 것을 지켜보는 삶

인생은 서른부터!

이 말은 내가 20대 때부터 외치던 말이다. 20대에도 재미있게 살았지만 30대부터 더 재미있는 삶을 살 거라 믿었다. 그래서 30대에 육아맘, 전업주부라는 인생을 열심히 살게 되었다. 그랬더니 진짜 재미있다.

돈 버는 스트레스 없이 아이를 눈에 담을 수 있고, 이 또한 세상에 다시 나가기 전에 공부하는 시간이라 여긴다. 아이의 어린 시절은 다시 오지 않으니까. 아이가 내 발목을 잡는다는 생각은 하지 않는다. 현재 내 모습만 보면 우울할 수도 있지만, 육아하며 틈틈이 미래를 계획하고 천천히 준비하는 시간을 갖는다.

멋진롬이 미래를 준비하는 법

하지만 생각만 하면 무얼 하나, 실천을 해야지. 그래서 좀더 구체적으로 내 미래를 준비하기로 했다. 다음은 다시 사회에 나가기 위해 내가 준비하는 것들이다. 조금씩 꾸준히 실천이 쌓이다 보면 언젠가 다시 필드에 나가서도 뒤지지 않으리라 믿는다.

다시 세상에 나가기 위한 준비

* 대학원 준비를 위해 관련 책 읽기 (육아서 말고 아동학 관련 전문서적)

* 블로그에 생각 기록하기 (덕분에 이 책도 쓰게 되었다)

* 하루 한 줄 영어 공부하기

* 만남이 어렵더라도 과거 커리어 관련 인맥 유지하기 (가끔씩 안부전화)

지금은 미래를 위해 준비하는 시간

2030 젊은 육아맘에게

잠도 시간도 위로도 부족하지만

이 또한 금방 지나갈 것입니다.

우리는 아직 어리고 자주 흔들리지요.

하지만 이제 더 이상 누구의 시선도 누구의 지적도 상관하지 말고,

친구의 승승장구에도 좌절하지 말고

일장일단 인생을 믿어보기로 해요.

좋은 일 있으면 나쁜 일도 있고

하나를 선택하면 포기도 하는 게 인생.

그러니 다 잊고 내 삶의 강점만 봅시다.

워킹맘 여러분 중에서

애들과 애착형성이 안된다고 걱정하는 분이 계실까요?

하지만 워킹맘 아이들도 잘만 커나간답니다.

엄마 일하는 모습을 보며 멋지다 생각하는 아이들도 많고

옆에 끼고 꼼꼼하게 돌보면서 키운 아이보다

대충 키운 아이들이 예민하지 않고 세상과 잘 동화되는 것도 봅니다.

그러니

육아맘도 워킹맘도 자신의 선택을 믿고 후회없이 살아가자고요.

우리 모두 대단한 여자들입니다.
자부심을 갖고, 아이에게 너무 미안해하지 말아요.
그냥 더 많이 안아주고 사랑해주기로 해요.

어떤 선택을 하든 우린 여자로서 엄마로서 최선을 다해 살아갑니다.
엄마가 자꾸 뒤돌아보고 갈팡질팡하면 아이도 불안해져요.
그냥 현재를 즐기면 아이도 좋은 영향을 받습니다.

신랑도 없이 친인척도 없이 이곳 바닷가에 떨어져 살아도
긍정적인 생각에 초점을 맞추려고 노력합니다.
그래야 산후우울증, 육아우울증이 사라지니까요.

남들 말대로 우리는 누구나 하는 살림과 육아를 하고 있어요.
하지만 아이 하나 잘 키우는 것이
세상을 키우는 것이란 사명으로 살아간다면
나도 당신도 엄청난 일을 하고 있는 셈이죠.

지금 이 글을 읽는 당신도 나도 충분히 멋져요.
워킹맘은 두말할 것 없이 더 멋져요.

심플한 육아로 가는 길
| 육아관 세우기 |

육아서의 압박을 벗으니 홀가분함이 찾아왔다

임신했을 때의 다짐이 현실의 육아에 그대로 이어지지는 않는다. 아기를 낳은 순간부터 애가 내 뜻대로 안 따라온다. 그래서 육아서를 잡게 되지만 읽을수록 좌절감만 커진다. 나는 책에서 말하는 대로 못하는 보통 인간이구나.

스트레스만 받고 나서 그대로 따라해야 한다는 압박감을 버렸다. 어릴 때는 다 받아주라고 하지만 우리 부부는 예의 없는 것은 못 봐주는지라 엄할 때는 엄하게 키우고 있다.

존중육아, 배려육아 왜 난 안되지?

나는 아이들이 인사는 잘해야 한다고 생각한다. 징징거리거나 떼쓰면서 말하면 안 들어주고 예쁘게 말해야 들어주는 엄마다. 어른들에게 꼭 존댓말을 써야 하고, 불필요한 것은 마트에서 사달라고 떼를 써도 절대 안 사주는 게 철칙이다. 결론은, 그냥 내 스타일대로 애들을 키우고 있다. 육아는 정답이 없다. 부모가 방향을 정해야 한다.

나도 처음엔 혼란스러웠다. 예의 바르면서 밝은 아이로 키우고 싶은데, 이 두 가지는 왠지 양날의 칼 같았다. 예의 바르게 하려면 잔소리를 하면서 가르쳐야 하고, 밝고 맑게 뛰어놀게 하려면 오케이 오케이를 외쳐야 하니까. 하지만 기준을 세우고 일관된 방법으로 양육하다 보니 두 아들 독박육아에도 이제는 익숙해지고 있다. 몸은 지치고 힘들어도 머릿속은 정리가 되니 육아에 있어서 홀가분함이 찾아왔다.

완벽한 엄마는 없다, 내 스타일대로 가자

완벽한 엄마도 없고 완벽한 아이도 없다. 처음에 나는 너무 엄한 것은 아닌지, 혼내다가 기죽이는 건 아닌지, 단호함을 유지하는 게 맞는지 등등 좀 복잡했는데, 다양한 관점의 이론과 의견들을 읽고 정리가 되었다. 아동의 의사를 존중하고 배려하는 것도 중요하지만, 훈육할 때는 강하게 일관된 양육 태도를 이어가는 자세가 필요하다. 아닌 것은 아닌 것이다!

노키즈존(No Kids Zone)이 생긴 것도 아이들 기죽이지 않는 데만 집중해서는 아닐까? 아니면 엄마가 잔소리하기 귀찮아서 놔둔 결과는 아닐까?

내가 좀 단호하긴 하지만, 남에게 피해를 끼치며 아이들 기 살리는 것은 잘못된 것이라고 믿는다. 그래서 계속 이렇게 단호할 거다. 대신 책 읽어주기, 놀이방이나 놀이터에서 놀아주기 등, 내 수준에서 이것만 제대로 해줘도 성공이라고 생각한다.

물론 단호함을 꾸준히 유지하는 것도 정신력이 강해야 한다. 하루에 정해놓은 시간에 아이와 놀아주는 것도 쉽지 않은 일이다. 체력과 정신력이 필요한 일이라며 스스로를 위로한다. 무엇보다 이것저것 해주려다 마음만 분주해지는 육아는 심플한 삶을 지향하는 나에게 맞지 않다.

나만의 육아관을 세워야 육아도 심플해진다

수많은 육아서와 정보의 홍수 속에서 정신줄 놓지 않으려면 자기만의 육아관을 정립해야 한다. 과거 대가족 시대에는 조부모가 아이를 대하는 모습을 보면서 초보엄마도 자연스럽게 육아를 배울 수 있었다. 하지만 핵가족화된 요즘은 딱히 모델이 없어서 제대로 육아를 배울 수 없다. 그래서 육아 책에만 의지했는데, 나만의 육아관이 없으니 책을 볼 때마다 이랬다 저랬다 할 뿐이었다.

살림이든 육아든 나만의 철학이 있어야 한다. 배를 탔는데 선장이 우왕좌왕하면 불안할 것이다. 부모를 의지하는 아기들도 마찬가지다. 물론 자신만의 신념을 가지고 앞으로 나아가다가 어려운 상황을 만났을 때는 살짝 다른 방법도 써야 한다. 하지만 흔들리지 않는 중심은 필요하다. 육아에 관한 철학을 갖는다는 것은 아이를 양육할 때 이렇게 하겠다는 기준을 잡는 것이다. 육아관을 세우는 것은 심플한 육아를 위한 준비단계라고 할 수 있다.

육아관을 세우는 과정 엿보기

다음은 내가 두 아이를 키우며 육아관을 세우는 과정을 정리해본 것이다. 육아관이 정립되자 나름대로 심플한 육아를 할 수 있게 되었다.

① 부모, 즉 내가 자라온 환경과 내 성격을 파악한다. 내가 자라면서 우리 부모는 이렇게 교육했는데 결과적으로 나한테 좋았는지 안 좋았는지 파악한다.

② 아이의 기질을 파악한다. 수줍음이 많은지 과감한지, 내성적인지 외향적인지, 기질을 파악하고 그에 맞춰서 육아한다.

③ 선배 엄마들의 양육 태도를 관찰한다. 또래 엄마보다 선배 엄마들을 보며 타산지석으로 삼는다. 안 좋은 점, 좋은 점 골고루 분석해본다.

④ 다양한 가치관의 육아서를 본다. 책육아, 놀이육아, 전통육아, 해외육아 등 관점이 다 다르다. 다양한 관점의 책을 보고, 내 성격과 아이 기질에 맞는 육아법을 정리해간다.

⑤ 하루 날 잡고 종이에 죽 적는다. 나에게 맞는 육아방침을 적어내려간다. 벽에 붙여두고 몸에 익힐 때까지 계속 참고한다.(내가 적은 육아관은 다음 쪽에 있다.)

⑥ 육아관을 변화·발전시킬 수 있도록 노력한다. 살면서 이건 아니구나 싶으면 고치고 추가하면서 나만의 철학을 세워간다.

멋진롬식 육아관

* 내 힘만으로 완벽한 양육은 힘들다는 점을 인정하고 기도하자.

* 아이는 신이 내게 맡긴 보물이다.

* 남에게 해가 되지 않는 선에서 마음껏 행동하게끔 놔둔다.

* 많이 안아주자. 더 이상 내 품에 안기지 않는 때가 온다.

* 사람들 앞에서 아이를 비난하지 않는다. (겸손과 비하는 다르다)

* 놀이를 한다면서 학습과 연결시키지 않는다.

* 장난감, 책 등을 과하게 주지 않는다. (물질은 부족하게, 사랑은 넘치게!)

* 사랑의 눈으로 바라보고, 눈을 맞추고 상호작용한다. (보지도 않고 말로만 대답하지

  않는다)

* 아이를 믿고, 스스로 하도록 하고, 스스로 선택하게 한다.

* 흥분하지 않고 단호하게 훈계한다!

괜찮아,
그리고 안돼!

나는 아이가 놀이할 때는 '괜찮아'를 많이 사용하고 안되는 건 절대 '안돼!'
라고 외치는 편이다. 내가 '안돼!'라고 말할 때는 다음과 같다.

'안돼!'라고 말하는 경우

* 외출할 때 장난감 들고 나갈 때

* 마트에서 무언가 사겠다고 할 때

* 물건을 막 던질 때

* 동생(또는 형)을 깨물 때

* 어른 드시기 전에 먼저 음식을 먹을 때

* 친구 것을 뺏을 때

* 사탕이나 젤리 등 간식을 3개 이상 먹을 때

책에서는 긍정의 언어를 쓰라는데, 키워보니 안되는 건 안된다고 정확히 말해주는 게 필요한 것 같다. 나는 양육의 일관성을 중요하게 생각하기 때문에 한편으로 냉정한 엄마다. 하지만 아빠가 온순하니까 나라도 독해져야지 생각한다.

이런 엄마가 '괜찮아'라고 말할 때는 다음과 같다.

'괜찮아'라고 말하는 경우

* 주방도구를 다 꺼낼 때

* 옷 적시며 세수할 때

* 밥, 국, 물, 우유를 스스로 먹다가 흘릴 때

* 블럭 쌓다가 쓰러뜨렸을 때

* 넘어졌을 때

* 서랍 속 살림을 다 꺼낼 때

* 달리기를 할 때

* 돌멩이나 솔방울 등을 주울 때

어떤 사람들은 손이 더러워진다고 돌멩이 줍고 나무 줍고 흙 만지면 뭐라 하는데 나는 언제나 오케이! 주방 살림살이 난리친다고 뭐라 해도 나는 언제나 오케이! 흘리고 먹어도 괜찮아, 네가 먹어봐! 이렇게 오케이를 외친다.

육아의 방향은 모두 다르다. 내 성격은 이래서 이렇게 키우는 것. 부모 성격 따라서 아이들도 크지 않던가. 그래서 육아는 누가 옳고 그른 게 없다. 다만 참고할 뿐이다.

"넘어져도 괜찮아.

다시 일어서면서 스스로 이겨내는 법을 배우니까.

살림살이 다 꺼내도 괜찮아.

장난감도 안 사주는데 이거라도 가지고 놀아봐.

옷 적시며 세수해도 괜찮아.

네가 스스로 하는 모습이 얼마나 예쁜데.

옷은 빨면 되니까.

어차피 세탁기가 빨아주거든!"

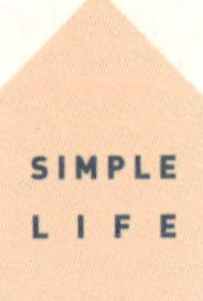

자연스럽게
자연주의 교육

큰아이가 태어나기 전에 아기를 위해 기도하면서 최대한 자연스럽게 키우겠다고 결심했다. 여기서 '자연스럽다'는 것은 또래보다 빠르든 느리든 아이의 성장 속도에 맞춰 기다리겠다는 의미다. 이렇게 육아에 대한 나만의 방향을 정하고 나서는 아이를 교육할 때 갈팡질팡하지 않았다. 시간이 지나면서 점점 더 마음 편하게 키울 수 있었다. 오죽했으면 이웃들이 첫애인데도 발로 키운다고 했을까.^^;

장난감보다 책을 들이고 거실 TV를 치우다

큰아이가 뒤집기를 할 때쯤 거실에서 TV를 치웠다. 계기는 아이가 누워서 TV만 뚫어져라 쳐다본 것이었다. 이러다가 순식간에 중독이 되겠다 싶어서 치워버렸다. 신랑 역시 나의 교육 방향에 공감해주었다. 실은 예전부터 TV를 치우려 했지만 어른들의 필요와 게으름 때문에 차일피일 미루던 중이었다.

어떤 분은 이런 나를 보고 극성이라고 했다. 나중에 아이들끼리 얘기할 때 인기 만화조차 모르면 따돌림당한다며 만류했다. 하지만 유치원에서 만화 이야기를 나누려면 아직 멀었다는 생각에 과감히 치웠다. 그리고 결과는 생각보다 매우 만족스럽다.

TV가 없으니까 아이는 이것저것 가지고 놀다가 심심하거나 쉬고 싶을 때면 책을 본다. 쉽게 책을 집을 수 있도록 배치만 잘해두면 아이는 그냥 책을 좋아하게 되는 것 같다.

아이 손이 쉽게 닿는 곳에 책들을 두면 자연스레 책을 좋아하는 아이가 된다.

자유롭게 놀게 놔두기

괜찮아, 해봐, 할 수 있어. 이런 말을 많이 해주고 싶었다. 그래서 정말 뜨겁거나 날카롭지만 않으면 되도록 모든 걸 만져도 허락했다. 주방에 있는 냄비를 던지고 어지럽혀도 "괜찮아, 탕탕탕 소리가 나지?"라고 답했다. 아이가 박스에 올라간다. '위험해, 내려와!'라는 말이 입속에 맴돌지만 내뱉지 않았다. "올라갔네? 잘했어요! 뒤로 내려와볼까?" 이렇게 자연스레 내려오는 법을 터득하도록 도와주었다. 아기는 생각보다 똑똑하고 강해서 스스로 터득할 수 있다.

엄마가 청소를 한다. 그러면 아이는 방해를 한다. 그럴 땐 그냥 청소기를 건네준다. "너도 하고 싶구나!" 하면서 자연스럽게. 이거 하고 싶어하면 주고, 함께 하면 된다. 찬장을 어지르면서 놀면 엄마는 치우기 힘드니까 '하지 마!' 하고 싶지만 그래, 허락하자. 아기는 다양한 크기의 그릇을 가지고 놀면서 소리도 듣고 크기도 비교해야 하니까.

그래서일까? 주방은 아이들이 제일 좋아하는 공간이다. 아이들이 어질러 놓은 것을 보며 마음을 다잡는다. 엄마는 어른이니까, 후다닥 치울 수 있어! 물론 치우는 시간을 줄이고 스트레스를 덜 받기 위해 정리에 그토록 열심이었지만.

주방 살림살이를 갖고 놀아도 괜찮아.

288

기성품 장난감보다 주변의 놀잇감 활용하기

내가 사준 장난감은 아기체육관 하나다. 나머지는 선물로 받거나 물려받았다. 보행기도 필요 없다고 생각했다. 엄마 편하려면 보행기가 있어야 된다는데, 아기들은 배밀이하며 등근육을 키우고 자연스럽게 기고 걷는 법을 터득하는 게 중요하니까 사지 않았다.

장난감 대신 집에서 찾기 쉬운 소재로 놀게 했다. 놀잇감은 역시 집 안 살림들이다. 이것도 자연스럽게 아이들이 하고 싶으면 주고 함께 놀면 된다.

앞으로도 주변사람들은 뭐가 좋다 뭐가 나쁘다 하겠지만, 나는 지금 집에 있는 것들로 만족하련다. 있는 것 가지고 놀면 오히려 창의력이 생긴다. 부족할수록 새로운 아이디어가 생길 수 있는 기회라고 본다. 오히려 장난감이 너무 많으면 엄마도 아기도 생각할 틈이 없어질 것이다.

장난감 대신 살림을 가지고 노는 아이

자연과 함께 놀기

아이가 태어나기 전부터 자연 속에서 키우겠다고 결심했는데, 아빠가 여행과 자연을 좋아하고 직업상 바닷가 근처로 이사를 다녀서 큰 도움이 되었다.

우리는 매일, 매주 밖으로 나간다. 주로 집 앞에서 낙엽을 밟고, 날아다니는 새를 보고, 기어가는 개미를 보기 위해서 나간다. 주말에는 차 타고 숲이나 바닷가, 계곡에도 간다. 이렇게 노니까 장난감이 필요 없다. 밖에는 온통 놀잇감 천지다.

자연에서 놀기

물론 아이들이 어리면 뭐든 입으로 집어넣기 때문에 주의가 필요하다. 유모차도 들고 다니면 번거롭다. 아이는 안다. 자연을 보고 소리를 듣고 손으로 만지면서 자연스럽게 오감교육이 진행된다. 자연에 나가는 게 진정한 오감교육이다.

사실 아이들 데리고 나가는 건 엄마에게 엄청 바쁘고 고된 일이다. 아빠는 몸만 나가면 되지만 엄마는 챙길 게 너무 많다. 그럼에도 불구하고 부지런을 떨어본다. 오늘도 자연과 실컷 놀기 위해서.

아빠와 놀기

아빠들은 육아서를 따로 읽지 않아서일까? 체계적이지는 못하지만 그게 더 자연주의 교육과 어울린다는 생각이 든다. 틀에 얽매이지 않고 그냥 자연스럽게 몸으로 놀아줄 수 있다. 아빠가 퇴근하고 집에 오면 피곤하지만, 그래도 몸으로 놀아주면 아이들이 좋아한다.

오랜 시간 노는 것보다 잠깐이라도 진심을

아이와 놀아주는 아빠

다해서 집중적으로 놀아주면 아이는 그 시간에 충분히 사랑받았다고 느낀
다. 그 힘으로 아이들은 살 수 있지 않을까?

"아빠,
일하고 와서 힘들겠지만
30분만 흠뻑 놀아주세요.
아빠와 노는 게
아이들에게는 최고의 놀잇감,
진짜 놀이터랍니다!"

육아비, 교육비
다이어트가 필요해!

　자신의 육아관이 정비되어야 언론이나 주변에서 이거 좋다 저거 좋다 자극해도 흔들리지 않는다. 쉽게 말해서 줄줄 새는 육아비를 막을 수 있다. 기준이 없으면 육아용품만 늘고 효과도 못 본 채 버려지기 쉽다. 게다가 과도한 교육비에 허덕일 수 있다. 육아비 지출도 선택과 집중이 필요하다.

　예를 들어 아이들 여행에 가치를 두는 집은 식재료는 대충 써도 여행비에는 아낌없이 쓴다. 어떤 집은 먹는 것에 중심을 두고 항상 질 좋은 것만 찾아 먹인다. 하지만 육아관이 정비되어 있지 않으면 여행비, 식비, 교육비 등 모두에 과도하게 지출하기 쉽다. 집안사정이 넉넉하다면 큰 문제가 되지 않겠지만 수입이 적다면 가정경제에 타격을 줄 수 있다.

출산준비물과 육아용품, 어디까지 사야 할까?

출산을 준비 중인 분에게 조언을 하자면, 인터넷에 떠도는 출산준비물을 그 목록대로 다 살 필요가 없다. 막상 아이를 낳아보면 필요 없는 게 많기 때문이다. 없어도 그런대로 살아진다. 기본적인 용품 외에 신생아 전용 무슨무슨 용품들, 일단 아이를 낳고 보니 큰 쓸모가 없더라. 모유저장팩, 유축기는 출산 후 모유량에 따라서 필요 없을 수도 있다. 따라서 이런 품목은 미리 사지 않는 게 좋다.

육아용품도 마찬가지. 다 구입할 필요는 없다. 한동안 블로그에 부업으로 제품 리뷰 쓰는 일을 했는데, 써보니 그것들이 진짜 필요한 건 아니었다. 요즘은 엄청난 물질주의와 광고의 시대다. 그런 광고를 우리가 어찌 막을 수 있을까. 다만 현혹되지 않고 필요한 것과 불필요한 것을 가려서 볼 줄 아는 눈이 필요하다.

특히 엄마들은 자기한테 필요한 건 그렇게 안 사면서 아이들 용품을 살 때는 쉽게 지갑을 연다. 신제품을 가득 담은 잡지와 온라인 광고를 경계하는 지혜가 필요하다.

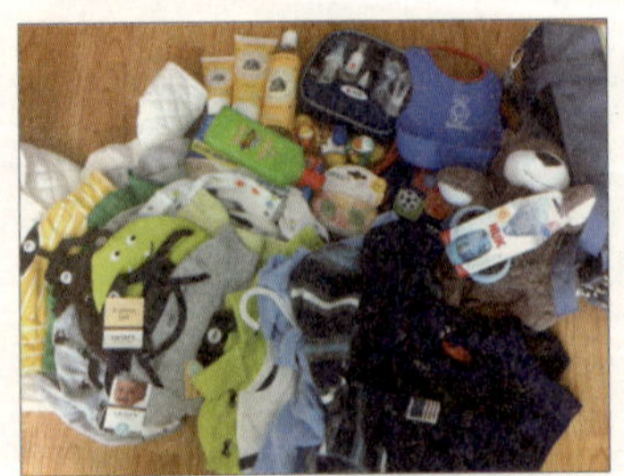

육아용품도 꼭 필요한 것만 구입하자.

장난감, 자칫 아이에게 독이 된다

나는 장난감은 되도록 안 사준다. 아이 낳기 전부터 신랑과 합심해서 시댁과 친정에 애들 장난감 선물은 해주지 마십사고 부탁드렸다. 양가 어른들 모두 잘 협조해주셨다. 대신 몸으로 놀고 산책하고, 필요하면 중고로 구입한다. 그런데 가끔 친정엄마가 자꾸 어디서 장난감을 얻어오신다. 첫 손자여서 다 해주고 싶으신 할머니 마음은 이해하지만.

나는 아이들이 완벽하게 완성된 시판 장난감을 멀리하도록 해주고 싶다. 아이들이 상상할 여지가 없어지는 게 안타깝기 때문이다. 아이들은 장난감에 금방 질린다. 장난감이 금방 망가지기도 한다. 새 것을 사주었는데 금방 부서지는 걸 보면 돈이 너무 아깝다. 그리고 무엇보다 장난감이 많을수록 소중함을 모른다. 부족하면 감사의 마음이 생기고 아끼면서 다루는 법도 배우는데 말이다. 아이들은 오히려 주방 살림살이를 가지고 놀 때 더 오래 신나게 논다.

하지만 아이들이 어린이집에 갔다 오면 다른 아이들처럼 갖고 싶은 장난감이 한두 개 생긴다. 그럴 땐 아이가 집에 없을 때 구입해두었다 선물로 준다. 왜냐하면 아기 때부터 소비하는 재미를 알려줄 필요는 없다고 생각하기 때문이다.

스스로 선택하게 하는 것이 존중하는 육아라고? 소비를 일찌감치 가르치는 것이 정말 아이를 위한 존중일까? No! 마트에 갈 때마다 아이가 떼쓰고, 그래서 뭐든 손에 쥐어주는 것은 지양해야 한다. 아이에게 돈 모으라며 돈 돈거리는 게 아니라 충동구매를 자제하도록 계획된 소비와 절제하는 마음을 가르치는 것이 진짜 경제교육이다. 사실 계획된 소비를 가르치는 것은 어렵다. 엄마의 의지가 강해야 한다. 좋은 엄마가 되는 게 쉽지 않다는 것을 절감한다.

그리고 장난감을 사주는 게 아이를 위한 일이라고는 하지만, 한편으로는 엄마 편하자고 쥐어주는 게 아닌지 생각해봐야 한다. 정말 아이를 위한다면 장난감 소비를 끊어야 하지 않을까? 창의력이 중요해서 학원도 생긴다는데, 관련 다큐멘터리를 보니 창의력은 누가 가르쳐줘서 생기는 게 아니라고 한다. 유아기에 창의력을 키워주려면 엄마가 꼼꼼하게 고른 놀잇감을 제공하는 것이 중요하다. 따라서 창의력에 좋다는 시판 장난감은 다 사줄 필요가 없다.

충동구매를 자제하는 교육이 진짜 경제교육!

이렇게 완제품인 장난감과 거리를 두니 우리 아이들은 마트에 가서도 장난감을 사달라며 드러눕지 않는다. 그냥 구경만 한다. 그렇다고 우리 아이들이 순해서 그런 건 아니다. 한번 고집 피우면 장난 아니다. 하지만 아기 때부터 계획되지 않은 물건과 군것질거리를 사주지 않으니 뭘 사달라고 떼쓰는 일도 상대적으로 적은 것 같다.

대신 아이에게 내재된 욕구를 억누르지 않으려고 노력한다. 그래서 마트에 가기 전 뭐를 사자고 함께 결정한 다음 내가 따로 가서 사온다. 뭐가 먹고 싶다고 하면 "어린이집에서 돌아오면 사놓을게"라고 얘기해둔다.

여기서 중요한 포인트는, 충동적인 욕구를 어릴 때부터 절제시키는 교육이 필요하다는 것이다. 요즘처럼 사고 싶은 게 많은 시대에 아이들이 사달라고 다 사주고 방을 장난감으로 채워주면 결국 아이들에게 독이 될 수도 있다. 소비의 즐거움을 미리 경험시키는 게 아니라 소유하지 않아도 스스로 즐거움을 만들어가면서 사는 재미를 느끼는 것, 이것이 부모로서 아이에게 해줄 수 있는 최선의 경제교육이라고 생각한다.

어린이집 가는 길에 박스를 줍더니 집까지 가져와서 기차라며 놀았다.

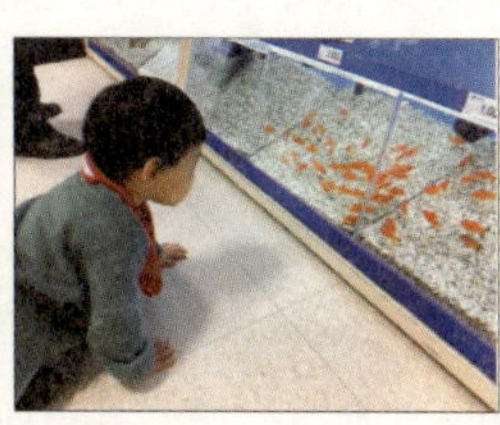
마트는 장난감 사는 곳이 아니라 물고기 구경하면서 노는 곳이다.

쌀알과 살림살이, 그리고 조금의 장난감이면 충분히 오랜 시간 즐겁게 논다.

다음은 아이와 마트에 갈 때마다 약속하는 것들이다. 몇 가지를 꾸준히 실행했더니 공포의 마트가 즐거운 마트로 바뀌었다. 우리에게 마트는 그냥 나들이 공간이다. 요즘은 아이들이 너무 기특해서 "딱 하나씩!" 하면서 간식을 사준다. 여러 개 고르라 해도 이제는 하나만 갖는다고 절제하는 모습을 보인다. 물론 지극히 개인적인 교육방법이니 각자 상황에 맞춰 변형하면 좋을 것이다.

공포의 마트를 즐거운 마트로 만들기

* 되도록 아이와 함께 마트에 가지 않는다. (아이가 어린이집 갔을 때 따로 간다)

* 충동적으로 사달라고 하는 물건은 사주지 않는다. (일관성이 중요하다. 돌도 안되었으니 모르겠지 하면서 넘어가면 안된다. 아이는 다 안다. 이번엔 사주고 다음엔 안 사주면 분명히 더 떼를 쓸 것이다)

* 마트에 가기 전 딱 1개만 살 수 있다고 약속한다. (구체적인 계획, 즉 "빵 사러 가는 거야!"라고 이야기하고, 가서 그것만 사온다)

* 마트에서 이거저거 집을 경우 우리 것 아니니 만지면 안된다고 가르친다. (신기하게도 아이는 다 알아듣는다. 단지 모르는 척할 뿐이지. 일관성 있게 단호하게 말하면 제자리에 두고 온다)

* 마트에서 멋지게 참고 돌아온 경우 집에 와서 선물을 준다. (마트에서 꿀 바른 말로 달래기보다는 스스로 참고 돌아왔을 때 "와, 너 오늘 멋지더라!" 칭찬하며 약속한 사탕 등 선물을 준다. 적절한 보상은 약이 된다)

책? 엄마 욕심이 무한대로 확장되는 물건!

아이들이 어릴 땐 기저귀 사용이 많다. 아들만 둘, 아무리 내가 자연을 사랑한다고는 하지만 독박육아에 체력이 달리다 보니 둘째 때부터 천기저귀 사용은 진즉에 포기했다. 그냥 스트레스 없이 1회용 기저귀를 사용하고 있다. 육아 초기엔 다른 비용을 지출하지 않으니 기저귀값과 분유값 정도만 나갔다. 그리고 중고전집 비용이 연간 비정기 육아비로 책정되었다.

아이와 책을 읽으면서 책 내용으로 역할극을 자주 한다. "엄마는 늑대, 나는 돼지" 하면서 아이에게 창작동화를 읽어주니 장난감이 많지 않아도 머릿속으로 동화를 놀이로 만들어서 잘 노는 편이다.

앞에서도 잠깐 언급했지만, 책육아를 하고 싶은 엄마라면 한 달에 전집으로 치면 한 질 정도만 구입하기를 추천한다. 두 질, 세 질 잔뜩 사주면 아이의 흥미가 떨어진다.

나는 전집은 중고로 구입하거나 물려받는 편이다. 가끔 재활용품 버리는 곳에서 멀쩡한 책들을 주워오기도 한다. 희한하게도 가끔씩 전집을 버리는 분들이 있더라. 완전 멀쩡한 전집, 잘 닦으면 신나게 볼 수 있다.

그리고 개똥이네, 중고나라에서 조금 흠집이 있거나 한두 권 이 빠진 책들이 저렴하게 나오는데 그런 걸 구입하기도 한다. 새 책을 사도 언젠가 다 헌책이 된다. 이가 빠져도 문제없다. 나머지 책들을 열심히 읽는 게 더 중요하니까. 엄마 욕심에 책을 쌓아두기만 하고 안 읽으면 짐만 된다. 아이가 다섯 번 열 번 읽으면서 동화가 아이 것이 될 때 뿌듯하고 진짜 책 제대로 읽었다 싶다.

책육아를 한다고 해도 중요한 건 적당히 사는 것이다. 무엇보다 정해진 공간에 이만큼만 들여놓겠다는 기준점을 잡는 게 중요하다. 다 읽은 건 나눠주거나 팔아서 비운다. 안 그러면 집 안이 온통 책으로 뒤덮인다.

책은 아끼며 볼 수 있도록 필요한 만큼만 구입한다. 다 읽은 건 정리해서 비운다.

어릴 땐 편한 옷이 최고! 물려받고 중고로 사고

아이들 옷은 대부분 물려받는 편이다. 주로 두 곳에서 정기적으로 물려받고 있다. 준다고 하면 낡았어도 괜찮으니 일단 다 보내라고 한 다음 추려서 입힌다. 예쁜 옷은 외출할 때, 뭔가 묻은 건 집에서 막 입힌다.

예쁜 옷, 깔끔한 옷, 비싼 옷은 오히려 애들이 옷에 뭐 묻힐 때마다 엄마가 성질내기 쉽다. 예전에 미국에서 폴로 티를 잔뜩 사왔는데 애가 물들이고 구멍 내는 걸 보면서 막 화내는 나를 보았다. 그래서 아, 어릴 때는 그냥 입기 편한 게 최고구나 싶더라. 대신 멀쩡한 외출복은 따로 마련해놓는다. 그리고 어린이집 갈 때는 마음껏 놀라고 편한 바지 입힌다.

종종 중고나라에서 박스로 판매하는 아이 옷을 산다. 100호, 90호 등 박스로 일괄판매하는 분들이 있다. 박스 매입은 저렴함이 장점이라 필요할 때마다 구입하는 편이다.

중고로 구입하거나 물려받는 아이 옷들

문화센터 말고 도서관 무료 프로그램 강추

아이가 돌 전후일 때 문화센터에 가본 적이 있다. 사회성 키우기에 도움이 될 듯해서. 하지만? 따로 놀더라. 결론은 두 돌까지 문화센터 출입은 의미 없다는 것.

영아기 사회성은 엄마와 애착이 거의 전부다. 문화센터에서 또래들과 어울리길 바라면서 가는 것은 비추다. 집에서 놀아주기 어렵고 엄마가 심심해서라면 모를까. 그렇더라도 한 곳만 정해두고 가는 게 낫다. 여러 군데에 등록하는 것은 돈 낭비다. 차라리 집에서 엄마표 놀이를 검색해서 돈 안 들이고 신나게 놀아주는 게 어떨까? 그리고 문화센터 가는 시간에 산책을 하면 아이들은 더 좋아한다.

추가로 구립이나 시립 도서관에서 진행하는 무료 북스타트 프로그램이나 지원센터의 무료 놀이를 활용해보자. 지역에서 정보를 캐내면 다양한 무료 프로그램들이 있다. 돈 안 받으니까 대충 하는 것 아니냐고 의심할 수도 있다. 그런데 보니까 봉사자들이 진심을 담아 아이들과 놀아주더라. 돈을 들여야 꼭 뭔가 해줬다는 마음부터 내려놓으면 좋을 것 같다.

아이와 함께 도서관 가기

영아기 학습지 방문수업은 비추

주변에 보면 생후 30개월도 안되었는데 방문수업 선생님이 오신다. 그냥 와서 책만 읽어주신다고 한다. 일주일에 30분? 글쎄, 여기에 돈을 쓰는 게 의미가 있을까? 선생님이 와서 구연동화를 읽어주는 것보다 엄마가 아이 안고 읽어주는 게 훨씬 좋지 않을까? 좀 서툴더라도 말이다.

나는 개인적으로 방문수업은 권하고 싶지 않다. 내가 잘 못해주니까 미안해서, 또는 본인이 힘들어서 많이 못 읽어주겠어서 그렇다면 그냥 일주일에 한 번 엄마가 30분만 책을 읽어준다는 기준을 정하면 어떨까?

방문수업의 목적은 한글이나 숫자를 빨리 배우게 하기 위해서라는데 글쎄……. 엄마가 평소에 조금씩 동화를 읽어주다 보면 아이들은 천천히 알아서 배우는 것 같다. 주변에 책만 읽어주고 한글 뗀 아이들도 많이 봤다.

물론 못하는 아이도 있을 것이다. 하지만 조급하게 서두르지 않아도 아이들은 글자나 숫자를 읽을 때가 되면 다 한다. 나도 학교에 가서 한글을 뗐다. 물론 요즘은 엄청 빠른 시대지만 결국은 우리 아이들이 다 해내지 않을까? 엄마들이 조금은 멀리 보면서 조급해하지 않도록 서로 용기를 북돋워주면 좋을 것 같다.

아이는 돈이 아니라 사랑으로 키운다

나 역시 두 아이를 키우면서 많은 시행착오가 있었다. 심플라이프를 고민하기 전에는 돈으로 뭔가 해결해주고 싶은 생각도 많았다. 하지만 육아는 돈으로 해결할 수 없는 분야다. 무엇보다 육아비 절약은 아예 쓰지 않는

데 있다. 싸게 파는 곳 찾아 서핑하는 시간보다 아예 사지 않고 소비하지 않는 방법을 연구하는 게 더 낫다. 아이를 돈으로 키우는 게 아니라 사랑으로 키우는 게 더 중요하기 때문이다.

"옛날에는 없어도 잘만 살았어!"

돈으로 육아를 고민하게 될 때 이렇게 외치며 마음을 다잡는다.

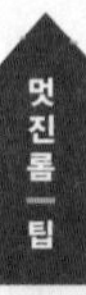

임신, 출산, 육아 무료혜택 받기

1 | 보건소

보건소 혜택은 관할 보건소마다 다르니까 자세한 내용은 직접 문의하자.

- **임신 전** : 가임여성 검진, 엽산과 건강검진 제공
- **임신 후** : 산모검진 쿠폰 제공, 임신육아교실 개최
- **육아** : 치아 불소도포
- **영양플러스 지원사업** : 소득수준에 따라 임산부, 수유부, 유아기 아이들 식재료 지원

2 | 인구보건협회 www.ppfk.or.kr

- **예방접종** : A형간염, 독감 저렴하게 접종 가능
- 아기청약통장 1만원 바우처 사업

3 | 북스타트사업

지역도서관에서 0세부터 영유아기 대상으로 책과 책놀이 프로그램 지원

4 | 동원육영재단 책꾸러기 www.iqeqcq.com

신청 후 대상자로 선정된 가정에 1년간 한 달에 한 권 연령에 맞는 동화책 제공

5 | 임신육아교실

산모교실, 육아교실이 점점 늘어나는 추세다. 참가하면 기념품을 주고 추첨으로 육아용품을 마련할 수도 있다. 산모 · 육아교실 개최지는 블로그에 모아두었다. '산모육아교실'로 검색하거나 아래 주소를 입력하면 된다.

- blog.naver.com/000sr000/40148399735

6 | 육아교육박람회

박람회나 전시회에 가면 육아용품 샘플을 많이 받을 수 있다. 온라인에서 미리 참여부스 이벤트를 신청하면 혜택이 더 많으니 참고하자.

7 | 고운맘카드 지원사업

임신당 50만원, 다태아(쌍둥이) 70만원 지원해주는 카드다. 50만원이라는 공돈이 생긴 듯한 기분에 산부인과 가서 팍팍 긁게 되는 고운맘카드. 나는 개인적으로 공짜라고 과하게 검사받는 데 쓰지 않고 출산 때 병원비로 사용했다.

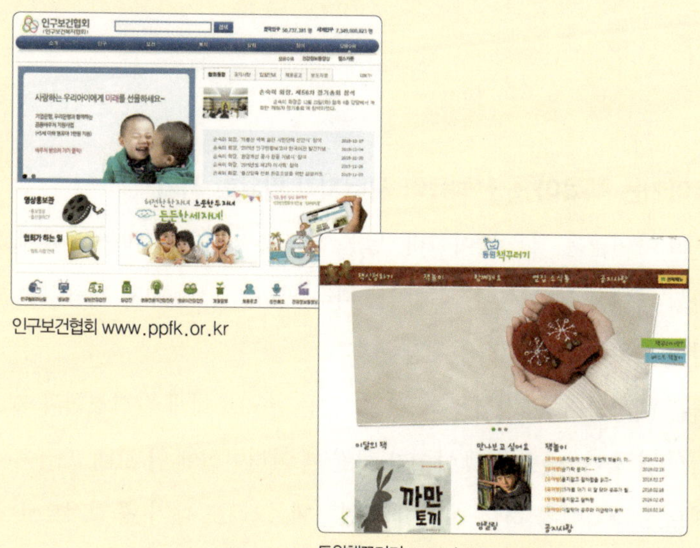

인구보건협회 www.ppfk.or.kr

동원책꾸러기 www.iqeqcq.com

오늘도
엄마는 산책육아

유아기는 책육아 + 산책육아 시너지가 필요한 시기

우리 아이들은 책을 좋아한다. 말을 시작하면서 책의 내용을 단어로 표현하고 책에서 본 의성어, 의태어를 따라 말하기 시작했다. 책육아는 언어발달에 도움이 된다는 것을 체감했다.

책은 세상의 모든 경험을 다 할 수 없는 우리들에게 간접경험과 지식을 주니까 참 좋다. 나도 한때 아이가 어릴 때 어린이집에 안 보내고 집에서 집중적으로 책육아를 하던 시절이 있었는데, 그래도 내가 중점적으로 신경 쓰는 육아는 책육아보다 산책육아였다.

물론 책육아는 참 좋다. 하지만 자칫 엄마의 소비욕구를 채우는 수단이

아이와 함께 나가는 산책육아

될 수 있다. 돌쟁이에게 집 전체를 둘러쌀 정도로 많은 책을 사주는 것은 바람직하지 않다고 본다. 대신 적당히 책을 제공해서 반복적으로 읽도록 해 즐거움을 주고, 책을 읽지 않는 시간에는 되도록 산책을 하기로 육아 방향을 정리했다.

산책을 하면 책을 통해서 사물을 아는 것보다 더 즐겁고 따뜻하게 세상을 알아갈 수 있다. 내 몸이 힘들어도 매일 아이를 데리고 밖으로 나간 시간들, 이제는 참 소중한 추억이 되었다. 말문이 터질 무렵 산책을 통해 감수성을 표현하고 엄마와 아이가 서로 소통하면서 진짜 산책하길 잘했구나 하는 생각이 든다.

우리의 산책은 소박하다. 차 타고 멀리 놀이공원 가고 아쿠아리움 가는 게 아니다. 우리 집에서 그런 건 나들이나 여행이다. 산책육아라고 거창하게 말했지만 그냥 집 주변을 걷는 게 전부다. 영아기에는 차 타고 멀리 가는 것보다 익숙한 환경을 반복적으로 경험하는 것이 안정감을 주며 좀더 주변을 자세히 관찰하고 느끼게 할 수 있다. 일부러 동물원 가서 코끼리 보여주

는 것처럼 부담스러운 게 아니라 그냥 말 그대로
집 주변 산책이니 엄마도 부담이 없어서 좋다.

산책은 아이에게 우리 집 주변에 개미, 꽃, 새,
벌, 나무가 있다는 것을 아는 시간이고 세상을
만나는 시간이다. 아이들은 산책을 통해서 책에
서 본 그림과 이야기를 직접 몸으로 만난다. 그
냥 매일 책만 봤다면 환상이었을 텐데 현실에서
확인하니 아이는 즐겁고 할 얘기도 많아진다.

비 오는 날도 어김없이 산책!

산책육아의 장점 1 | 자연스럽게 생명존중을 배운다

우리 집이 시골이라서 산책육아가 가능한 건 아니다. 도시에 살아도 충
분히 가능하다. 왜냐하면 산책육아는 거창한 게 아니기 때문이다. 그냥 집
에서 나와 동네 한 바퀴를 돌면서 꽃도 보고, 날아가는 새도 보고, 솔방울도
줍고, 비비탄 총알도 줍는 것이다.

엄마가 함께 걸으면서 아이의 눈높이에서 세상을 보고 이야기를 나눈다.
이 시간들을 통해서 아이와 엄마의 유대감과 정서적 안정감이 높아지고 아
이의 관찰력도 높아진다. 책만 보며 지내는 것과는 차원이 다르다.

큰아이와 매일 산책하는데, 꽃을 만나면 자연스럽게 "꽃아, 안녕? 나는 카
봇을 좋아해" 중얼거리다 "안녕!" 인사하고 다시 걷는다.

엄마 : 왼쪽으로 갈까, 앞으로 갈까?

아이 : 앞으로!

아이가 가자는 방향으로 걷는다. 걸으면서 하늘에 새가 날면 같이 파닥 파닥 날갯짓하며 달려본다.

꽃아, 안녕?

개미도 안녕?

와, 새다!

우리 아들은 감수성이나 표현력이 좀 떨어지는 듯했다. 그래서 일부러 아름답다, 예쁘다, 사랑스럽다, 신난다 등 예쁜 표현을 많이 하려고 애썼는데, 말문이 트이면서 그동안 들은 표현들을 해냈다. 먹고 싶어하는 주스를 주면 "신난다!" 하면서 팔짝팔짝 뛰고, 허브를 만지면서 향기도 맡고, 길에 떨어진 나무열매로 요리를 해서 엄마에게 대접하고, 나무 위 새에게 "새야, 같이 놀자!" 하고 외친다.

산책육아는 그냥 걷는 것 같지만 아이는 많은 것을 보고 눈에 담고 가슴에 새기는 것 같다. 꽃이라는 식물을 생명으로 여기고 친구로 받아들이고, 새와 함께 놀자고 이야기하면서 생명을 존중하는 마음이 생기는 것이다. 너무 거창한 말 같지만 이런 시간들이 흰 도화지 같은 아이의 삶에 밑바탕과 밑그림이 되는 것이 아닐까?

산책육아의 장점 2 | 엄마가 더 행복해진다

아이와 산책을 다니다 보니 엄마가 더 행복해진다는 것이 포인트! 산책육아가 없었다면 그냥 어린이집 보내면서 아이가 커가는 모습, 매일 다르게 표현하는 말과 행동들을 모두 놓쳤을 것이다.

산책하며 주운 줄 하나. 걷다가 자리잡고 앉더니 "낚시!"라고 하면서 물고기를 잡는다. 상어도 잡고. 길에서 한참을 놀다가 집에까지 가져와서 줄 하나로 이틀을 놀았다. 이런 모습을 생생하게 볼 수 있는 나는 행복한 엄마다.

이 줄로 상어를 낚을 거야!

산책육아의 장점 3 | 교구나 장남감을 살 필요가 없다

산책육아를 하면 좋은 점 또 하나는 장난감을 살 필요가 없다는 것이다. 게다가 수 개념과 어휘력도 높아진다. 길에서 주운 돌, 줄, 나뭇가지 같은 걸 매번 집으로 가져온다. 그러면 장난감이 필요 없어져서 구입비용이 확 줄어든다. 그리고 나뭇가지로 줄을 세우면서 하나, 둘, 셋을 말하고 나뭇가지가 짧다, 길다, 하늘이 높다 등 개념을 책이 아닌 자연을 통해서 배워간다. 산교육이 이런 거구나 싶다.

어휘력도 느는 게, 책에서 본 의성어, 의태어를 실제로 사용해볼 수 있다. 길에서 달팽이를 보면서 "느릿느릿, 엉금엉금" 하면서 말하고, 달팽이처럼 따라서 해본다.

나뭇가지로 배우는 수 개념

달팽이와 함께 늘어나는 어휘력

산책육아의 장점 4 | 건강해진다

밥 안 먹겠다고 투정 부리던 아이가 산책을 다녀온 뒤에는 스스로 앉아서 밥을 먹는다. 집에서 뒹굴뒹굴 TV만 보던 때하고는 먹는 속도가 다르다. 산책은 아이에게 세상을 배우면서 쌓인 스트레스를 풀 수 있는 시간이 된다. 또 낮잠이나 밤잠도 훨씬 잘 잔다.

엄마는 옷과 준비물을 챙겨서 나가는 것이 귀찮을 수 있지만, 아이의 신체와 정신이 건강해지면서 결과적으로 육아가 편해진다. 책육아 + 산책육아는 정말 최고다!

멋진롬 산책육아 스케줄 엿보기

다음은 우리 집 산책육아 스케줄을 대략 적어본 것이다.

- **산책시간** : 40분 이내
- **오전 산책** : 11시쯤 간식 먹고 나가서 산책
- **오후 산책** : 4시쯤 첫째가 어린이집에서 돌아오면 함께 산책
- **평일 산책코스** : 아파트 놀이터, 은행 가는 길, 슈퍼 가는 길 등. 아파트를 중심으로 동네를 한 바퀴 돌면서 나뭇가지 줍고, 들풀 보면서 자연에 대한 이야기를 나눈다.
- **주말 산책코스** : 차 타고 1시간 이내 거리에 있는 공원, 바닷가, 개천, 박물관, 수목원 등 방문

바닷가 산책

부족해서
감사하는 아이

과한 것은 감사한 마음을 잊게 한다

심플한 삶을 살기로 결심하면서 '내 삶은 부족하게 살자'로 초점을 맞추었다. 내 교육관의 밑바탕도 '부족하게 키우기'다.

친정은 부자도 중산층도 아니었지만 자라면서 부족함을 느끼지 못했다. 가게에서 파는 것을 사먹은 기억이 별로 없다. 하지만 집에서 엄마가 만들어주신 술빵, 카스테라, 달고나의 맛은 달콤했다. 돈으로 사주신 것은 기억에 없는데 엄마가 손수 만드는 장면은 기억에 남아 있다. 그 사랑이 잔잔하게 내 가슴속에 자리잡고 있다.

그런데 요즘은 어떤 시대인가? 돈만 내면 술빵이나 달고나보다 훨씬 맛있고 달콤한 간식을 넘치도록 사다줄 수 있다. 옆집은 사주는데 내 아이 못 사주면 아이가 불행해질까 봐 사주고 있지 않은가? 정작 아이는 아무 생각이 없다. 그냥 엄마가 불행한 것이다. 나는 못 사주는 부모구나 그런 마음이 드는 것이다.

아이는 장난감이나 음식보다 함께 먹는 추억, 함께 노는 행위를 더 많이 추억할 거라고 믿는다. 맛은 조금 떨어지지만 함께 만들어서 즐겁게 먹은 과자 등.

우리 아이들은 외할머니와 함께 만든 콩떡을 좋아한다. 별거 없는 맛인데, 밥에 미숫가루 뿌리고 주물러서 동그랗게 만들어 먹는 일명 콩떡. 함께 만들어서 즐겁기 때문에 맛있는 주먹밥이다.

할머니와 함께 만드는 콩떡

과한 것은 감사함도 잊게 만든다. 한국에서는 딸기를 사면 한 접시만 내줘도 아주 맛있게 먹었다. 그러다가 미국 고모네 가니까 딸기를 박스째 사오셨다. 나중엔 썩어나가도록 아무도 거들떠보지 않는 모습을 보면서 깨달았다. 가끔 줘야 맛있다는 것, 정말 행복해하며 먹던 음식도 자주 먹으면 맛이 없어진다는 것.

평범하게 밥상 차려서 먹다가 가끔 멋진 요리를 해주면 엄마가 만든 음식 정말 맛있다며 좋아한다. 아이가 무언가를 달라고 요구하기 전에 계속 장난감이며 군것질을 채워주면 고마움도 모르고 소중함도 모른다. 요즘은 집

314

에서 차고 넘쳐도 마트에서 계속 사다 나르는 시대다. 오늘도 더 부어주고 싶지만 아이들을 위해서 절제한다.

처음이자 마지막으로 받은 로봇 하나 소중히 다루고 감사할 수 있도록, 가끔 먹는 딸기지만 더 맛있게 즐길 수 있도록 절제한다. 엄마가 더 정신적으로 강해져야 한다고 결심한다.

"어릴 때부터 소비에서 즐거움을 찾지 않는 아이가 되길 바라며
이렇게 과자 안 사주고 장난감 안 사주는 건
엄마아빠가 돈이 없어서가 아니란다.
사달라는 것 다 못 사준다고
엄마 역할 못하는 것도 아니리라.
궁상떠는 건 더더욱 아니다."

나는 기본적인 생존과 관련된 육아비 외에 추가되는 육아비가 거의 없다. 아이를 키우는 일에 있어서는 신기하게도 돈을 뺄수록 아이가 더 행복해한다는 것을 느꼈다. 가계부를 가볍게 하기 위해서 절약하는 게 아니다. 아이가 행복해질수록 가계부가 가벼워지는 것은 덤이다.

그래,
나는 개인주의자다!

　나는 개인주의자다. 지금까지 쓴 글만 보면 엄청 헌신적이고 현명한 것 같지만, 실상은 내가 먼저다. 오죽하면 신랑이 나를 보고 '무한개인주의룜'이라고 할까? 누군가 나를 CCTV로 찍고서 본다면 나쁘다고 할지도 모른다. 왜냐하면 나는 하루 종일 아이 얼굴을 보고 있지 않고 하루 종일 놀아주지도 않으니까. 아이와 놀아주는 것? 큰아이 어린이집 끝나고 데리고 오면서 두 아이와 동네 산책 한 바퀴, 30분 책 읽기, 놀이방에서 조금 놀아주기가 전부다.

　큰아이가 어린이집에서 돌아와 동생과 둘이 놀면 나는 그냥 옆에서 책 읽거나 내 할 일 한다. 같은 공간에만 있어줄 뿐이다. 병원놀이 하고 있으면 입 벌려주고 발 내밀어준다. 때로는 애들 국 말아 먹이면서도 나는 밥상을 잘 차려서 먹는다. 내가 먹고 싶은 것 만들어서 먹고 있다. 아, 행복해 하면서. 밥 먹을 때 둘째가 옆에서 울고불고 난리를 쳐도 잘 먹는다. 스트레스 받으면 나도 모르게 큰애를 혼내기도 한다.

나는 내가 기분이 좋아야 살림, 육아, 내조가 잘된다고 철석같이 믿는다. 나란 사람은 모성애로 똘똘 뭉친 유전자를 갖고 있지 않다. 앞으로도 엄마의 희생만 보여주며 살지도 않을 것이다. 아이에게 올인하는 게 진정한 모성애일까? 짜증내면서 하루 종일 애 데리고 있는 게 좋은 걸까? 그것은 엄마의 결정이겠지만, 모성애는 강요한다고 되는 게 아니다.

엄마는 후줄근한 옷만 입으면서 아이한테는 비싼 옷을 입히는 것. 그런 게 자기만족이라면 할 말 없지만, 그렇게 하는 것에 스스로 만족하지 못하고 우울하다면 차라리 엄마가 좋은 옷 사 입고 기분을 풀라고 말하고 싶다.

친정엄마는 나에게 엄청난 모성애를 보이셨다. 자신의 몸이 아프면서도 나를 안타까워하고 우리 집에 오면 온 힘을 다해 살림해주고 가신다. 그만하라 해도 더 하시는 엄마. 고맙지만 속상하다. 왜 저렇게 자기 몸을 안 챙기시는지.

내 몸은 내가 챙기자. 내가 안 아파야 살림도 잘된다. 몸 건강 마음 건강 다 챙겨야 육아도 잘되니까. 내가 행복해야 웃으며 육아도 하고 신랑 기분도 맞춰줄 수 있다. 그래, 나는 개인주의자이다. 내가 먼저다. 하지만 나를 충전하면 가정에 온 힘을 쏟는 성실한 여자다.

이걸 아는 나는 끊임없이 내가 행복할 수 있는 방법을 찾는다. 애들 반찬

보다 내 반찬을 먼저 만들기도 하고, 밖에 나가 혼자만의 티타임도 갖는다. 애 키우며 언제 치우냐고 묻는데, 나는 하루 종일 아이 얼굴 보는 게 아니다. 때로는 애 혼자 뒹굴게 하고 그동안 정리를 한다. 정리하고 비우기는 내가 재미있어하니 계속 열심히 하게 된다. 살림살이 다 꺼내서 정리할 때도 애들에게 그 살림들 가지고 놀게 놔둔다. 나는 정리하면서 내 스트레스 해소부터 한다.

2년 전 둘째를 임신한 상태에서 신랑이 타지로 발령이 났다. 나 혼자 이곳에 남겨졌다. 둘째를 출산하고 혼자서 애 둘을 키우면서도 우울증에 걸리지 않은 것은 전적으로 내가 나를 챙겼기 때문이다.

우울해지기 시작할 때쯤이면 의식적으로 살림을 비우고 그 일에 몰두했다. 한편으로는 아이들에게 미안하기도 했다. 하지만 내가 우울증 걸리면 애는 누가 볼 건데? 누가 책임지지? 그게 더 문제 아닌가?

물론 신랑 기분 좋게 해주고 아이들 맛있는 것 챙기고 살뜰하게 가정을 돌보는 훌륭한 여자들도 많다. 그분들은 그렇게 잘해나가면 된다. 대신 가족에게 많은 것을 기대하지 말아야 한다. 신랑에게, 아이들에게 내가 이만큼 사랑해줬으니 그만큼 되돌려줘야 한다는 기대를 하지 않을 자신이 있다면 가족에게 올인해도 좋다.

하지만 아무리 가족이라도 기대를 품게 되지 않을까? 그렇다면 여자로서 책임과 의무까지만 이행하고 너무 자신을 불사르지 않았으면 좋겠다. 기대

만큼 신랑의 반응이 안 오고 아이들도 엄마를 챙기지 않는다면 늙어서 슬프고 서운할 뿐이다.

무엇보다 중요한 건 나 자신을 먼저 사랑하는 것이다. 그래야 자연스럽게 에너지가 생겨서 남는 에너지로 가정을 돌보게 된다. 그리고 내가 나를 사랑해야 신랑도 멋지다며 사랑해주고, 자식들도 우리 엄마는 저런 식으로 자기들을 사랑하는구나 이해한다.

여자가 행복해야 가정이 편하다. 더불어 남자도 행복해야 가정이 평안하다. 그래서 나는 신랑의 취미를 적극적으로 밀어준다. 일로 스트레스 받는 것 풀 수 있는 통로를 만들어줘야 하니까. 그래야 가정에 더 충실할 수 있다고 믿는다. 부부는 서로의 스트레스를 풀 수 있는 조력자로서 서로를 도와주는 관계가 되어야 한다. 꼭 뭐든 함께한다는 게 부부에게 좋은 것만은 아니다. 함께해야만 완벽한 사랑은 아니다.

나는 애교가 코딱지만큼도 없다. 이런 나와 신랑은 그래도 잘 살아간다. 싸우지 않고 하하호호 하면서. 그것은 아마도 내가 신랑의 개인시간을 존중해줘서가 아닐까? 남자의 동굴을 인정해주니까. 이런 자평도 너무 이기적인가?

그래서 오늘도 조용한 카페에서 나 혼자 시간을 보내는 5,000원의 투자는 앞으로도 돈 아낀답시고 멈추지 않을 것이다. 분명 작은 소비, 작은 일이지만 나와 가족을 행복하게 하는 일이니까.

"무한개인주의룜,

그래, 난 개인주의자다!

하지만 내가 인생을 흥청망청 사는 건 아니니까,

이기적이지만 성실하니까 가능한 얘기들.

오늘도 다짐한다.

나 자신을 먼저 사랑하겠다고.

좋은 에너지가 생기면

가족과 주변도 살뜰히 챙길 수 있으니까,

개인주의라서 금상첨화!"

결혼해도, 나답게 살겠습니다

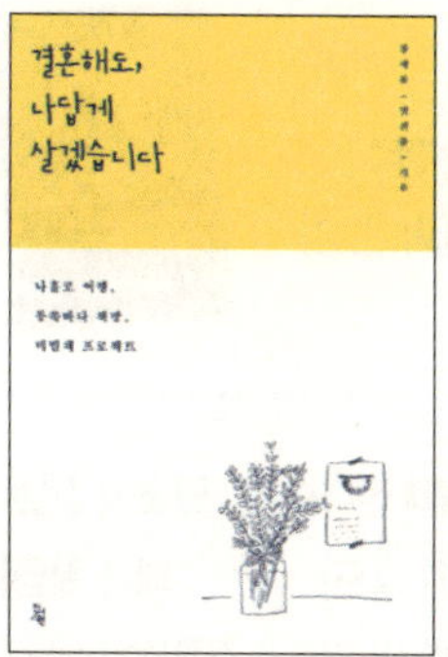

장새롬(멋진롬) 지음 | 14,400원

**결혼, 육아, 복직을 앞두고
불안해하는 당신에게 전하는 이야기!**

아동학과 사회복지학을 전공하고 지역아동센터장으로 앞만 보며 달리던 워커홀릭. 결혼 후 시작된 독박육아로 외로움과 스트레스가 쌓여가던 어느 날, 꿈꾸던 책방을 열기로 결심합니다. 동쪽바다 책방, 나홀로 여행, 비밀책 프로젝트. 결혼 후 조금 서툴러도, 천천히, 나답게 성장하는 시간들을 담았습니다.

멋진롬 0~5세 아이놀자

장새롬(멋진롬) 지음 | 16,500원

장난감 사지 마세요. 아이들은 다 놀 줄 알아요.

소비육아 대신 심플육아!
살림놀이+재활용놀이+산책놀이 120

★ 심플한 육아법 3가지 ·····························

1. 엄마 체력 최우선 놀이법
　　준비는 초간단, 뒷정리는 후다닥!

2. 아이 주도 놀이법
　　엄마는 거들 뿐, 아이가 최종 놀이 주도자!

3. 아빠 참여 놀이법
　　퇴근 후 아빠도 쉽게 참여! 화목한 가정!

여성 건강 실천법

여성건강연구회 지음 | 13,800원

1일 1실천의 기적, 28일 후 생리통이 잡힌다!

- 일본 아마존 베스트셀러
- 바디버든, 독성유전, 환경호르몬 대처법 총망라
- 〈부록〉 통증을 없애는 혈자리

★ 1일 1실천 건강법의 효과 3가지 ·····················

1. **한 달 후, 생리통이 개선된다!**
   생리통만 잡아도 여성의 몸은 기적처럼 건강해진다
2. **두 달 후, 만성피로가 사라진다!**
   10살 어려지는 동안 피부, 뭉침 없는 어깨, 힘차게 뛰는 심장을 만든다
3. **석 달 후, 고질병이 낫는다!**
   100세 건강 시대, 잔병치레를 벗어나고 마음 건강까지 챙긴다

여성 건강 혈자리 지도 (브로마이드)

여성건강연구회 지음 | 3,500원

두통, 치통, 생리통, 요통, 어깨결림 등 통증 OUT!
빈혈, 변비, 탈모, 소화불량, 다리부종도 OUT!

- 〈여성 건강 실천법〉 자매품
- 〈부록〉 1일 1실천, 여성 건강 플래너